做自己的建築師

蓋綠色的房子。

CONTENTS

Part II

關鍵詞＝做自己的建築師

蓋屋不敗秘笈

推薦序

I like to travel lightly

I like to travel lightly, step lightly on this earth. I like, as Henry
David Thoreau said, to live in a tent, as it were, in this world,
hitting only the high points.

—— Dan Kiley（美國景觀建築師）

這本書是繼《蓋自己的房子》之後，黛羚寫的第二本書。

從自己的房子到自己的綠色的房子，黛羚到處探訪用心過日子、用心蓋房子的人，而她說的故事也愈來愈誘人，愈來愈貼近——大地。

談住宅，我得回溯大二做小住宅設計時拿來當範本的美式平房，繞到芬蘭看看他們的國寶建築師阿瓦・奧圖（Alvar Aalto）設計的住宅，想想閩式與徽派，還得努力回想《住屋・形式與文化》那本老書的要點……。

這些都太迂迴、太漫長了。

當下，黛羚呈現的23個綠色家屋，真真實實的在地人物、活生生的綠色的家。好像，她為我這種迂漫的「住的研究者」做出精闢的摘要——重要的是人、是生活，是夢想和實踐；有那樣的人、過那樣的生活，才會有那樣生動的房子。

為自己蓋綠色的房子並不是每個人都負擔得起，黛羚的查訪與研究，以平價為出發點，為有餘力或有這樣夢想的人提供最佳的指引。更重要的，她及時記錄了人與住屋的密切關係，呈現出在地住屋的旺盛生命力。此記錄也是研究當代台灣住屋與庭園的重要文獻、重大工作。

衝浪的于導才能把海邊破屋手作得像一間藝術家的房子；放下景觀設計工作，歸隱山林的劉大哥，才打造得出那麼貼近自然的有機家園；關山的騷人墨客林志堅，才會有那樣的清幽樸拙。我瞪大著眼睛看他家門前的卵石地坪、竹林、落葉和置石照片，下回，黛羚該把她的「住的研究」拓展到房子外面的庭園，以圓滿我們的家園夢。

東海大學 中原大學 景觀系兼任講師
禾拓規劃設計顧問公司 設計總監

吳樹陸

自序

是房子？還是建築物？

房子，就像背景，溫暖、厚實、舒適，靜靜地座落在環境中，由主人慢慢地
透過生活，累積出它的氣質。
建築物，如其名，像主角，以某種姿態，醒目而帶點喧囂，持續僵直著，不
管主人的生活如何，它始終堅持著自己的姿態。

在這本書中，我希望我介紹的都是房子而非建築物。平價、舒適、生活，它
們通常沒有搶眼的外表，卻因為主人的生活累積，而使房子越看越可愛，久
了，主人也可愛起來了。

所謂的綠色的房子，對我而言，主要是綠化、綠建築、場所精神。
綠化──是將房子裡外上下，添加綠意，小者盆栽、大者植樹。尤其佩服將一
片裸地、開田廢園、或者光禿禿的建地，漸漸種滿樹與花花草草的主人們，
你們療癒了大地的傷口。
綠建築──從「設計的手法」去綠建築。兩百萬以下、不需裝空調、建築材料
隨手可得、短期可蓋好、住得舒服又節能的綠建築，是絕對值得提倡的。綠
建築也可以是很平民化的。
場所精神──在樹林之間蓋房子，不是將樹砍光，而是繞樹而行、小幅度修枝；
在街道旁的連棟透天之間蓋房子，不是格格不入的新造型，而是低調地銜接
新與舊的元素。

每一位綠房子的主人，各有各的生活模式，他們的日子，平凡得精彩。
原本是迷重機的年輕小夥子小王，現在是擁有兩匹馬、雞鴨鵝的農場主人；
為了紀念阿嬤、同時給姪子實習蓋房子的機會，叔姪倆邊做邊學蓋出「懷念
阿嬤的厝」；才剛在市區貸款買透天成屋的阿志兄，看到老家附近的閒置老屋，

忍不住租下來進行改造大計，自己開心、房東也開心；每週末都去KTV唱歌、逛百貨公司的阿Ju夫婦，決定離開十多年的上班族工作，改當農夫與村姑；為了讓岳母在類似原本居住環境的鄉下生活以便就近照顧，傅先生在造橋買地蓋屋，表達孝心；蔡董將買來的土地上原有相近的四間古厝稍作修改，讓各古厝分別扮演著客廳、餐廳、交誼廳、臥室的角色；新竹羅先生在設計師Black的幫忙下，透過「一根柱子」將老屋造型扭轉乾坤，省下大筆重建金額；林志堅為郭大哥所設計的再吹涼風，是大部分人都蓋得起的100%綠建築，既人文、省錢又環保。……還有好多的故事講不完！我迫不及待想與您分享，還請慢慢閱讀下去，盡情享用囉！

當然啦，如果您覺得自己或友人的家也不賴，也歡迎與我分享，我的信箱是aling.home@gmail.com。

接下來又到了感謝時間，還有溫馨有趣的一幕，別走開喔～

感謝吳樹陸老師常在課堂上對著投影螢幕Dan Kiley的作品著迷發呆，讓我知道景觀概念對綠房子而言是多麼重要。感謝每位受訪的屋主與設計者，真誠與我分享你們的故事、生活與房子，透過這次訪談繞了國內一圈又一半，讓我對這塊土地多了一份信心與熱情。感謝專業的營造商與工廠負責人，耐著性子詳盡解釋工程的知識。
感謝友人王正毅不辭辛勞跟拍，讓整本書的視覺質感加分。感謝我最要好的朋友兼老公陳國隆，沒有你的吐槽、鞭策、兼當司機及攝影助理、在我熬夜寫稿時在旁打PSP陪我，這本書可能沒辦法如期完成。感謝我的爸媽、外公外婆、二舅、小舅和老妹，讓我對家的原型（archetype）有了明確的定義。

最後，很慶幸我的兩本書都遇到有識之士幫忙製作整編。感謝《蓋自己的房子》（2007.12）莊雅雯與《蓋綠色的房子》（2009.08）席芬，妳們以不同的風格、同樣用心與堅持的態度做書，讓讀者們閱讀起來很受體貼，我都感受到了妳們對住宅的強烈熱愛。

祝福每位朋友早日擁有心目中的房子！

林黛羚

Part I

關鍵詞＝平價、在地、省能、減廢、健康、夢想
23個綠色造屋故事

花蓮壽豐

米拉夢堤
miramonti

自己的家「自己畫」，翻遍國外鄉村風網站，擷取喜歡的畫面，再利用鉛筆手繪，與營造商成功合作蓋出非常 Miramonti 的房子。

屋主：小王
現任渡假飯店平面設計師、父親、丈夫，興趣十分廣泛，喜歡實踐田園生活，烹調歐式料理、養馬騎馬、騎重機、做木工……

取材時 2009 年 7 月：夫 28 歲、妻 30 歲、小孩 2 歲及 4 歲、母親 47 歲
結婚：2004 年 1 月
老大出生：2005 年 7 月
決定搬到花蓮：2005 年 8 月
動工（破土）儀式：2006 年 2 月
施工年月：2006 年 3 月
結構樑柱建置：2006 年 5 月
外壁工事：2006 年 9 月
完工年月：2006 年 10 月
入厝儀式：2006 年 10 月

房子前方是底部沒有鋪塑膠布、真正的生態水池，經過不斷地夯實以及循環式供水，成為鴨跟鵝的嬉戲天堂。

大門口掛著「謝絕參觀」的字牌，好奇的路人恍然大悟，原來這不是民宿啊！二十八歲的屋主把房子取名為 Miramonti，他是兩個孩子的爸，也是兩匹馬的主人……還有更多頭銜，在這裡實踐著！

1 小王自製的火腿麵包，味道香濃、口感硬中帶Q。

2 在手刷紫牆搭配磚牆的用餐區，享用著小王煮的番茄義大利麵以及自種自煮的超香濃南瓜湯。

童話世界的美好故事是否可能成真？答案100％是YES！1980年次的小王，告別庸庸碌碌的台北生活，與老婆、母親、兩個孩子，來到花蓮生活。週一到週五，他是花蓮知名渡假飯店的平面設計師；到了週末，他是擁有兩匹馬、幾隻雞鴨鵝、兩隻狗、兩隻貓的農場主人，與家人住在有黃色小窗的房子裡，體驗歐洲鄉村般的生活，他的房子有個名字，叫做 "Miramonti"。

透過老友的介紹登門拜訪。當我們在客廳拍照時，三歲多的姊姊很活潑的在鏡頭面前跳著舞，她學東西學得很

快，喜歡學大人講話和擺姿勢。驚人的是，這棟住了兩個孩子的房屋，竟然隨時保持異常地整潔乾淨，原來，每當他們玩完玩具、看完書，就會自動把東西收回原位，不禁讓人對這對年輕爸媽的教育能力佩服地五體投地。

小王對義大利特色料理十分拿手，中餐我們在紫色系的廚房裡，享受他自製的手工麵包、濃中帶甜的南瓜湯以及番茄義大利麵，在姊姊的echo中，我們開始聊起他蓋房子的故事。

車禍後　毅然決定實踐築屋夢

「我們本來住在台北新店，當時我很迷重機，直到有一天發生嚴重摔車，躺在醫院一個多月，髖骨有一部分碎了，必須打鋼釘穿石膏。」小王回憶道，「我躺在醫院，昏睡中，看到一片綠意盎然的農場，好像是我的家。我從小就一直有這樣的夢想——屬於自己的農場、自己的家。只是一直當成夢想，沒有認真地看待它。這次車禍，

1 大廚房、小餐廳。夫妻兩人都愛做菜，寬敞的中島可以讓夫婦各占一方烹調。

2 客廳上方的吊燈，搭配天花板的水泥原色，對比強烈顯得如此脫俗。

3 從小路轉進來還沒抵達路口，就會看到「馬出沒、鴨出沒」的立牌。

我想了想，好像不去做不行了！」剛好王媽媽在花蓮購有一塊地，她說：「說來也巧，那是十幾年前，親戚跟我慫恿，當時用很便宜的價格購得，不過買來之後也不曉得要做什麼，就是一塊空地。」小王在與母親商量之後，決定搬到花蓮來。「自從搬來花蓮至今已經兩年了，我就再也沒有回過台北。」

透過蒐集圖片與手繪　與營造商溝通

喜歡歐式生活風情的小王，透過網路和雜誌找到許多相關風格的圖片，從空間的小角落，到房子外的前廊、房子的名字招牌製作、信箱造型等，最後，再透過手繪透視圖的方式，將房子的空間比例表現出來。「我希望有很寬闊挑高的客廳，所以比例會很高聳，但沒想到蓋出來之後，還是有點挑高過頭。」小王自嘲道。

也許真的是挑高的關係、也許是家具擺設較為簡單的關係，在客廳講話還會產生回音，但也因此，似乎也讓客人感受到主人一家寬闊的胸襟。

從前院大門看Miramonti，對外的
木平台架高，與餐廳的窗戶相鄰。

中島設計　結合夫妻兩人使用習慣

夫妻兩人都愛做歐式料理，常常一起準備晚餐，週末時招待客人更是熱鬧。因此面積約15坪大的餐廳＋廚房，更需要多花心思規劃。廚房有一大一小的中島，夫妻倆主要是在大中島做菜，它有兩個洗手槽、兩個人造石工作檯面，下方可以放置大型烤箱，是請廚具廠商代為訂製的。

另外一個混凝土製的小型中島，目前以擺放水果雜物為主，粗獷、上白漆的造型，加上上方懸掛的實木橫桿與器具，更增添鄉村生活的意境。

開放式階梯兼小型工作區

Miramonti給人的主要印象之一，就是轉折而上的階梯，進到客廳之後立即一覽無遺。也許有人會提到風水上不能開門見梯的疑問，但他們在進門入口玄關加了一道砌

1　臥房的牆也是抹上白水泥而已，搭配白色床架仍有美感。

2　X型樓梯串起每一區的公共空間，包括上網區、閱讀區、遊戲區等。小朋友已習慣走樓梯要慢慢走，不會有安全上的疑慮。

3　餐廳刻意鋪上仿古磁磚，即使是赤腳踩在上面也很舒服。

4　門口佈置像極了明信片上的畫。

5　經過花蓮某教堂發現的古董椅，跟修女們拜託好久才買到手，與家中空間超搭。

6   7   8

牆阻隔視線，加上小王的父親是風水研究者，經過縝密
的分析後，確認並不會有風水上的困擾。

此處的階梯不但是通往二樓的動線，也是閱讀、聊天的
空間，採光跟客廳一樣充足。階梯面貼上木心板，可以
坐在階梯上隨性閱讀，因此在階梯平台兩側，一側設置
書櫃、一側設置電腦桌，創造獨樹一格的階梯再利用方
式，充分營造出空間的生活韻味。

車庫──男人的祕密基地

在電影《史密斯任務》中，Mr. Smith 的車庫簡直就是他
的寶庫，停車只是基本功能，高科技的車庫還隱藏龐大
的工具！而小王的車庫也是，除了停一台在國內屬於保
育級車種的 Kawasaki W650 重機外，還有一台復古貨車。
工具有大、小兩種規模的木工切割器具，家中一些櫃體
家具都出自他的巧手。

6,7 高於車庫的平台就是工作區，
一台木工鋸台，讓小王可以製
作家裡的各種木家具與木飾品。
板手井然有序的掛在牆上，工
具也依序分類置放。

8 小王的前同事們每次到花蓮玩，
一定會來拜訪他，樓梯成為最
好的聊天空間。

9 車庫兼工作室。重新上漆的橘
黃色復古二手車，以及台灣罕
見的 Kawasaki W650 重機，發
動時的低鳴聲共振很強。

9

過了玄關，映入眼前的就是讓人注目的客廳與X型動線樓梯。

1,2 透過餐廳的窗戶，就可以將菜
　　遞送到戶外平台，這個動線可
　　是事前經過縝密規劃的！

3 小王養了兩匹幼馬，剛到的時
　候很瘦而且掉毛，經過一年已
　經變得肥嘟嘟的。偶爾會牽到
　房子旁的草地散散步。

4 姊姊騎在馬背上的英姿！

他將小木樑橫向固定在牆上，並釘上大頭釘，將板手等
工具排排掛好，在施作時方便好找、整體排起來又頗有
氣勢與美感。

小王的車庫右側牆面開了七道細長的呼吸孔，但沒有安
裝窗戶，主要是希望能夠讓氣流更加流通，且由於座向
朝東南的關係，較少會有雨水進來。

花園、農場、木工 DIY……夢想實踐 ing ！

天光還在微醺的凌晨五點，小王就已經起床了。首先去
馬場和兩隻小馬道早安、餵飼料、清掃糞便，然後著手
打理花園這邊的雞鴨鵝、植栽、菜園等，忙完這一切接
著就去上班了。不過，他的嗜好永不終止，花房要進行
彩繪、馬場的欄杆還有很多木作、二樓的書架也要釘、
後院的絲瓜該採收了……對小王而言，夢想就是生活、
生活就是夢想，此時此刻，他正在夢想實踐 ing ！

您的房子結構是「鋼筋混凝土」搭配「強化磚造」，請問會選擇這樣搭配的原因？

當時鋼筋很貴，如果全都用鋼筋混凝土，造價會很高，況且我的樓層高度只有兩層樓，因此結構的部分使用鋼筋混凝土，而牆面部分則使用強化磚造牆（當時價位是一塊磚3元含貼工，還可省下模板、粉光費用），預算上有節省一些，不過強化磚造的牆因為也負擔承重的作用，因此之後不能再拆除。

施工過程如何確保叫料的實在？

混凝土要做「試體」、鋼筋要「過磅」。混凝土為確定磅數是否屬實，載運混凝土來的卡車最後都要將剩下的水泥放入容器中做「試體」，以確保日後品質無誤。而在購買鋼筋之後，建議要到認識的店家進行「過磅」，確認磅數與價格無誤，可以減少不必要的開支。

室內空間的主要規劃概念？

我希望除睡覺之外，全家人的活動都能夠發生在公共空間中；透過樓梯，我串起了各區的公共空間，包括上網、閱讀、看電視、講電話，都在同一大區各自的小區塊中發生。

室內客廳的牆面有上漆嗎？

原本計畫中室內就是灰白色的，我使用白水泥取代白漆，不但可以節省油漆成本，透過藝術牆的漆法，也比油漆更能呈現粗獷的質感。

客廳設置壁爐方便使用嗎？在建造的時候，要注意哪些通風原理，才不會造成空氣污染？

室內壁爐多少會產生煙塵，最重要的是保持空氣穩定進入火爐內，保持爐火部分的通風。我們每次要使用壁爐時，先把碳放在外面燒，燒到一定的程度才夾進爐中，這樣就可以減少室內空氣污染。

處於風大雨大的花蓮，開窗方式有何必須注意之處？

在花蓮，颱風皆為逆時針旋轉，為了防颱，最後只好選擇順著風雨方向的單向密閉窗，而心目中引進大片光線與風景的理想開窗，就由立體的挑高三角窗井來達成，在階梯上往三角窗眺望，可看到海岸山脈喔！

透過這次的經驗，從設計到造屋完成，有沒有什麼缺失要改善？

1.防水：應該是外牆的防水處理程度有待改善吧！一開始為了讓房屋外牆有粗獷質感，本來應該抹三道防水漆，最後只抹了一道，導致大雨過北向迎風面開始滲水，只好架上鷹架、整棟重新上防水漆。
2.水電：水電的工程注意，供電的大小以及使用電線電路用品須找合格的品牌，市面上廠牌參差不齊，為避免危險，還是使用大廠牌的產品比較好，例如士林電機等大廠。

花蓮的冬天較溼冷，客廳設置壁爐可以為全家帶來溫暖。地板則用質感較細的水泥鋪成，乾燥後才不會有粉塵。

一年後：多了一隻狗、一間花房、五隻小鴨！

因為是老朋友，沒事就會去拜訪一下。一開始也沒發現，但仔細對照，和一年前的差距可真大啊！
今年，小王又領養了一隻名犬流浪狗──黑色葡萄牙水犬，與美國第一家庭的 Bo 是同品種喔！鴨
夫妻則生小鴨了，但被不孕的鵝夫妻占為己有，所以你會看到鵝爸媽帶著五隻小鴨的奇特景象。
最讚的，就屬小王自己親手蓋出來的花房。這個戶外花房主要做為園藝工具的置放處、大型木工
上漆切割的空間，旁邊還有小王自製的燒窯，「這個窯的難度在於要砌成圓形，必須不停地敲出
磚型，而且為了真的能夠使用，疊磚的時候不能有細縫產生。」小王說，「長輩教我用耐火泥混
馬糞、稻草，塗在內側，可以有效增加窯內密度。」

House Data

Miramonti
地點：花蓮縣壽豐鄉
敷地：900坪
建地：40坪
格局：玄關、客廳、餐廳廚房、客房×2（含衛浴）、主臥（含衛浴）、長輩房（含衛浴）、SPA房、晒衣間、車庫工具間
房屋結構：鋼筋混凝土＋強化磚造

加強磚造真的比較弱嗎？

根據「921大地震建築震害特性分析與統計」數據分析，加強磚造的房子若是施工品質佳，耐震力並不輸給鋼筋混凝土；921南投縣的統計為：加強磚造損壞率為26.91%、鋼筋混凝土為27.1%。

造屋裝修預算表

項目	費用（元）
整地工程	30,000
結構體工程	2,530,000
門窗工程	360,000
泥作工程（含地壁磚工程）	1,210,000
廚具設備	160,000
水電衛浴工程	700,000
木作工程（樓梯地板）	50,000
防水防潮工程	20,000
工程總價	**5,060,000**

＊建築為自行設計，油漆工程亦自行處理。

小王先把想要的空間感手繪在A4紙上，再與營造商溝通，連「家徽」Miramonti也有草圖設計！

花蓮大豐村
麵包樹舍
tree house

大地色系的土黃色房子，身旁伴隨著農田、菜園、生態溪、生態池，以不使用農藥及化肥的耕種方式，自己自足種出有機蔬果。

屋主：老爺、Juju
現任農夫與村姑，主業是享受田園生活、務農、研究西式美食與甜點。副業是經營麵包樹舍民宿。
聯絡：0932-216-615
tw.myblog.yahoo.com/breadtreehouse-juju

取材時2009年7月：夫48歲、妻36歲、婆婆73歲
結婚：2004年1月9日
找地：2006年開始在花蓮找地
辦理蓋屋程序：2008年1月
開始動工：2008年10月
施工年月：2008年11月
結構樑柱建置：2008年12月
外壁工事：2009年2月
完工年月：2009年6月
入厝宴客：2009年6月，費用約10萬元

廚房貼上亮橘色磁磚，充滿活力。由於阿 Ju 是
左撇子，廚房的使用動線就從左到右，工作檯面
也高於平均值，以吻合她 170 幾公分的身高。

右邊為主棟，是阿Ju、老爺、婆婆及阿Ju爸媽來時居住之處；左側則為副棟，規劃為麵包樹舍民宿的房間。

夫妻倆達成共識後，先後辭去十幾年的工作，把台北房子賣掉，於二○○九年六月正式搬到花蓮來，開始過著半農半X的鄉間生活。

三年前，阿Ju和老爺這對夫妻都還過著典型的都市生活，居住在嘈雜的永和市區。週末和朋友去KTV唱歌、吃大餐，平常不想煮的時候就吃外食。可是，心裡總是有個小小的希望，「從小看了很多國外影集，家家戶戶有庭院可以種花植樹，住在獨棟的房子裡，不必擔心自己的作息會影響到其他鄰居。」阿Ju說，「兩年前開始常跑到花蓮來玩，在靜廬民宿住過很多次，開始有點心動。一開始是自己心裡的念頭，後來和老公聊天，發現他也有一樣的想法，那就決定做了再說吧！」

轉換生活模式　先學相關才藝

一年內，永和花蓮兩地來回跑，看了超過二十塊地，對阿Ju和老爺來說，理想中的地，最好位於離鬧區有點距離，但又不會太荒闢的近郊。後來終於在花蓮當地報紙《更生日報》上找到現在這塊地，它位於有機社區大豐村，有平坦的土地及寬闊的視野，夫妻倆花了一百五十多萬買下了這塊五分農地。

兩年後可以開始蓋農舍了，需要龐大的經費，兩人決定把永和的房子賣掉，改成租屋。阿Ju也把做了十幾年的工作辭了，開始學各式才藝，包括園藝、木工、烹調等，希望在農舍完工之後能學以致用。

1 房子外觀使用大地色系中的土黃色，阿Ju希望看起來舒服、與周遭環境搭配，又可被一眼看見。

2 從馬路旁看麵包樹舍，鮮綠色的草坪與小石子路，像是童話故事中的小屋。

3 土黃色的外牆和向日葵、小窗台，似乎陽光下的生活故事就要上演。

4 麵包樹舍的接待兔——地瓜。親人的個性常讓小朋友搶著抱它。

5 使用西班牙瓦，瓦片會隨著時間氣候而變化，越久越美麗。

6 牆面的手感漆法，是阿Ju要求工人特別漆的。

7 等到生態池的蓄水表面積變大，就會在水面上看到麵包樹舍完整的倒影了。圖中男主人正在打撈生態池中過多的藻類及布袋蓮。

8, 10 花蓮的颱風很強，尤其是南北向，因此加裝防颱板，颱風來之前將前端的螺絲解開就可放下，平時還可當做遮陽板。

9 從阿 Ju 種的向日葵田看麵包樹舍。向日葵花的顏色與麵包樹舍十分搭配。

11 房子旁的生態溝會依地形由停車場的高處往低流入生態池，再注入陰井中，中間也有水生植物進行過濾。

營造出屬於自己的 Ju 式風格

夫妻倆去過幾趟歐洲，很喜歡西班牙鄉村的感覺，就請設計師根據照片及需求來設計。其間繼續蒐集國內外建築書籍，找出喜歡的感覺，利用「照片＋敘述」的方式和設計師溝通，光是外觀就改了十幾次圖。建築分為自己與家人住的主棟以及民宿客人使用的副棟。房子外牆顏色用的是大地的土黃色，能夠和周遭的環境融合、也能被一眼看到。

至於室內設計部分，就由阿 Ju 親自發想，油漆是最能夠在低成本內塑造效果的方式，而且在完成建築本體時，工人本來就該要油漆，不需額外收費，她把希望牆壁漆

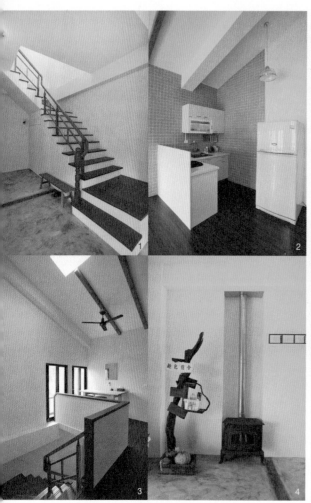

1 在樓梯轉折處開一道天井，陽光灑下來，讓人不自覺期待樓梯之上的空間。樓梯下的儲藏室，把許多清潔用品及雜物全都藏起來。

2,3 上樓梯到二樓，是婆婆專用的廚房和小工作桌，通常早餐由阿Ju準備、中餐則由婆婆料理。

4 尚未使用的全新壁爐，已經將煙囪的管道都設置妥當，準備陪伴主人迎接在花蓮的第一個冬天。

5 進門之後的暖黃色調立刻讓人放鬆不少。戶外平台的景色也帶進室內。

6 因為買了橘色的微波爐，廚房就跟著貼上亮橘色磁磚，食物看起來也更好吃了！

7 電視基座特別選擇可旋轉式，以便做菜時也可以看。不過到目前為止都還沒想到要裝設電視頻道。

上的顏色色票選好之後，直接貼在牆上讓工人參照。在每間都有天井、豐沛的採光下，大膽使用許多深色、重色或純色的色彩，效果反而比淺色房間更讓人印象深刻。整體看來，房子並沒有被任何特定風格箝制，反而有阿Ju個人的風格在其中，這才是蓋這間房子的意義之一。

睡眠品質超好　鄰居熱心又可愛

也許是很安靜的關係，完工後搬來的第一天，阿Ju和老爺就睡得很好、很沈，完全沒有適應問題。附近的鄰居知道阿Ju是從台北來的，也熱心的幫忙、提供意見。像是剛裝上的防颱板，就是左鄰右舍千交代萬叮嚀的結果。阿Ju說：「還有一次，一位阿公騎車經過後，又用兩腳慢慢把機車倒滑回來，對著我們喊『少年仔，你們的玉米種太密了，這樣會長不好！』當時我們都在忙，於是就口頭答應他會去處理。沒想到，接著他把機車停在路旁，走到玉米田，開始把營養不良的小玉米清掉，我們趕緊丟下手邊工作，跟著他一起拔。」

歸田園居　不一定要等到退休後

夫妻倆不認同田園生活非得要等到退休後才能擁有，趁現在兩人都還是三、四十歲的年紀時，將務農、鄉居生活，紮實的當做自己人生的一部分。其心態與退休後相差甚遠。

兩人每天四點半起床，太陽高掛前就開始整理周邊農地，生活並不算太輕鬆。「從買了地、辭掉十幾年的工作後，開始了兩年多的長假。慢慢讓自己的生活回歸簡單。算是放棄了大部分人會選擇的『方便的、安全的』生活方式，進入到自己想過的『半農半X』*的生活。」阿Ju說，「對我們夫妻而言，就是活在當下。想做的事情就馬上去做，誰知道明天地球還會不會轉動，什麼事都要等到退休，只怕退休後已經沒有力氣耕作了。有些事，現在不做，就永遠都不會去做了。」

*半農半X的概念來自塩見直紀，他致力提倡「半農半X」的生活主義——以永續型的簡單生活為基礎，並從事發揮個人天賦的工作。例如生活的一半是忙農務（種田除草養殖等），另外一半是其他工作（醫師、工程師、教師、設計師等）。詳情可參考塩見直紀的著作《半農半X的生活》（天下文化，2006）一書。

1, 2 坐在陽台上欣賞幾乎無邊際的平原風光，即使待一整個下午仍舊心曠神怡。

3, 4 阿Ju為爸媽準備的房間，讓人意外的，正紅色的牆不但沒有壓迫感，看起來還頗舒服。手工拼布寢具則是阿Ju購自網路。

5, 6 每間民宿客房都有不同的色彩主題，有全家福的活潑溫馨及雅痞族的黑白時尚。

當初在簽約買地時，您有提到戲劇化的簽約儀式是指？

地主是一位視力不太好的老太太，很怕被「台北人」騙，到了簽約時才表示所有費用都要由我們付擔，她要「實拿」當初談好的價格。我覺得很無理，一度不想買了，是老公用「老人家賣了土地沒有安全感」為由來說服我，才讓這筆交易順利完成。

簽約及付款的時候，要注意哪些事項？

談好價格後，還要確定買賣所衍生的費用，該由誰支付？如何支付？這裡習慣由民間的「中間人」介紹完成買賣，通常都是包個紅包當謝禮。但是，若是透過仲介，還會有其他費用產生，就更要說清楚該由誰來負擔仲介費用。我們這塊地的原地主是把土地租給別人種植，所以上面的植株需要時間移植，談好期限後再來進行點交。

農地原本沒有電嗎？申請配電的重點是什麼？

農地可以申請農業用電，但需要「無農舍證明」，之後再請水電行協助申請即可。

在蓋屋開始進行時，您曾參觀預拌混凝土廠，目的為何？到現場時，有沒有要做或記錄的事？

參觀預拌混凝土廠是因為擔心水泥的磅數不足，影響房屋結構。但是花蓮要送檢驗水泥磅數的測試場很遠，營造廠也擔心預拌混凝土廠會偷料，所以每次都會派人去現場監看。因此，我們當時是會同營造廠人員一起，請預拌混凝土廠的師傅解說，這些在簽定工程合約時就要註明。

農舍的建築結構、開窗、容積率有何特殊規定？有沒有什麼小細節是很容易被忽略的？

根據農業發展條例規定，農地要大於0.25公頃才可興建農舍。農舍基地面積不得大於農地的1/10、總建築面積不得大於150坪、建築高度不得高於10.5公尺。如果臨地界未達3公尺，則開窗大小不得大於3平方公尺。只要請合格的建築師設計，這些細節就可以避免自己傷腦筋了。

身為花蓮新移民，如何選擇營造商？

原本要請建築師的工班興建，但工班從西部過來，交通住宿都將是一筆額外的費用，大幅提高建築成本。後來在和建築師討論的過程中，剛好他們住宿的民宿老闆本身就是甲級營造商，因緣際會就搭上這條線。

麵包樹舍
地點：花蓮縣光復鄉大豐村
敷地：5分地
建地：115坪
格局： 主棟一樓為客餐廳、廚房、主臥；主棟二樓為婆婆房、
和室、小廚房、小客廳、父母房；副棟（民宿）為獨立四人房、
獨立二人房、樓中樓
房屋結構：鋼筋混凝土

在財務規劃方面，您的購地購屋的付款及貸款配比如何規劃？有何建議？

農地農舍貸款成數很低，需要準備足夠的自備款才不會遇到問題。我們是先將原本的房子賣掉、租房子住，以便支付整個建築費用的支出。超出預算的部分，先用信用貸款支付，房屋的使用執照下來後，再申請抵押貸款償還。

土地房屋費用規劃表

項目	費用（元）
土地及造屋總金額	10,000,000
支付頭期款	3,000,000
自有資金 （＋多年省吃儉用）	7,000,000
長輩親戚資金援助	3,000,000
貸款金額	1,000,000
每月固定支付貸款金額	約30,000
每年預計大額還款金額	約350,000

造屋雜項預算表

項目	費用(元)
仲介手續費	100,000
土地及房屋登記費用	300,000
火災保險	30,000
地震保險	20,000
印花稅	10,000
土地＋房屋稅	10,000
土地融資	800,000
合計	1,270,000

造屋裝修預算表

項目	費用（元）
建築設計	400,000
整地工程	1,000,000
結構體工程	2,000,000
門窗工程	500,000
泥作工程	2,000,000
地壁磚工程	1,000,000
油漆工程	300,000
廚具設備	400,000
水電衛浴工程	200,000
空調工程	500,000
木作工程	300,000
窗簾工程	100,000
清潔工程	10,000
景觀工程	100,000
工程總價	8,810,000

花蓮壽豐
靠海邊

運用廢棄材料美化牆面、用預算
低的明管更換電路線,精打細算
加上美學天分,輕度而關鍵的以
11萬幫四十歲古厝變身。

屋主:小林仔
「靠海邊」主人,興趣為旅行、球類運動。
聯絡:0933-483-906
　　　keenalin@gmail.com

取材時2009年6月:屋主40歲
決定搬到花蓮:2008年8月
開始辦理租屋程序:2009年1～2月
完工年月:2009年3月

這片木平台是「靠海邊」的靈魂所在

始終，小林仔無法忽視內心那沈默的吶喊——要有一間在海邊的房子！要離海邊很近，要聽海浪聲、要聞到海風的味道，只要在海邊，都好！

1 蘋果綠的房間，搭配白色家具、寢具，以及造型簡約的吊燈，就算房間不大，也會因此而明亮起來。地板是原有的復古拼貼地磚，現在已經很難尋得了，故特別保留下來。

2 前廊外牆下半身，貼上別處拆房子拾來的陶片，陳舊的表面反而有助於營造古厝的時間感。

3 把撿來的傳統紅木椅漆上蘋果綠、墊子漆上白色，在紅磚牆前出色顯眼。

我和「靠海邊」房子的主人小林仔，認識至少六、七年了吧。他寄來的生活照，手常刁根煙，背景總是海；他的部落格文章，也是在讚嘆海；他的相簿，要不是海浪、就是沙灘上的枯枝⋯⋯

在租下這間房子前，他遊走於各大渡假飯店擔任公關，每份工作都備受重用，卻又很難久待一處。一天，小林仔於2009年初，路經臨海的台11線14.5公里處，看到一棟有木平台的老房子上面掛著「租」，老房子離海邊只要一分鐘。小林仔心想，「就是它了！」也沒多想，就跟二房東訂約。而接下來，才是「省錢大作戰」的開始！

打掉半道牆　感覺就出來了！

「原舊屋空間看起來很短狹，讓人喘不過氣來。我把隔在客廳與廚房之間的牆打掉半截，以吧檯式風格做為區隔，空間馬上就輕鬆多了！」小林仔說，「我希望保留原有房子的古厝感，特別挑選便宜又具古味的紅磚，去修飾下半截的牆，牆上再木作成為吧台的平面。」

白色簡約搭配古厝　營造衝突美

家具部分，採購線條新潮簡約的燈具，以強化現代感；沙發是從友人那裡收購來的舊藤椅，再漆上白色粉彩漆，使其整體感更加光亮具海洋風格；空白牆面則採買漂流木製成的層板，不僅適合客廳氣質，也強化了在地風味。「相較於古厝外觀的沈穩色系，房間色彩我故意轉換成時尚用色，採用青蘋果綠與普羅旺斯黃，晚上看起來好像黑夜中掌心裡的螢火蟲。」

外牆貼上免費的廢棄磚

小林仔可說是「優質廢材」的獵人，每隔一段時間，他和友人就出巡獵物，雪亮的眼光總是可以發現許多有改造潛力的廢棄品。老屋原有的外牆是斑駁的傳統磁磚，這是小林仔在一棟拆了一半的房子中，發現的一堆被丟棄的薄陶磚，陶磚易碎不能當地板使用，於是靈機一動，就當作外牆的下半身吧！而上半身則是在木材廠跟老闆討價還價後的國產木片。

1 小林仔自己DIY和手繪的信箱盒。
2 小林仔收藏的古董中式門片框，終於派上用場。
3 小朋友在前廊玩跳格子遊戲。
4 聽海、戶外閱讀的專用椅。
5 因為綠意，「靠海邊」才會盎然。
6 房子變裝前。
7 房子變裝後。

before 6

7

1, 2 和室一景。是唯一可容納4至6人的房間。
　　 往窗外看就是跳格子遊戲區。

3 從房子往小徑走一分鐘。

4 就是海邊了。

經營靠海邊民宿　家庭及單身遊客青睞

經過改造，20坪的小古厝竟也能隔出舒適的兩間臥房、一間和室。古厝的色系、佈置由小林仔一手包辦。「我花許多心思在木平台的植栽上，綠意是讓這個房子有生命力的關鍵。」連遠在金門經營「水頭邀月民宿」的章魚家族，也帶著一家四口跑來渡假，孩子們在前院玩跳格子，或者在室內把玩自然風乾的果殼，驚喜連連。「非假日則有不少單身女性投宿，」小林仔說，「她們大部分的時間都待在平台，伴著海聲閱讀。」也許經營民宿對小林仔而言，收入遠低於渡假飯店的薪水，但是只要有海浪聲相伴，悠哉悠哉地在室外木平台抽根煙（PS.厝內禁煙），這一切就令人心滿意足了。

大廳的書架層板，是小林仔利用拾得的木料改造製成。

四十年的老房子，電路管線如何在預算內更新？

四十年老屋，其電路配線絕對老舊不堪，除耗電之外，更有電線走火疑慮，因之全部改走明管。而其原屋主一家大小五口人用電量高、屋子所在海邊又很潮溼，電路管線勢必得全面更新，也依照需求增加新的鋪設地點，營造空間足夠的照明。

即使材料大多都是回收材，但施工的工錢應該也會超過11萬吧？

我就動員所有的好朋友一起來DIY啊！在以前，蓋古厝是鄰居親戚一起來「到三岡」（互相幫忙）的，透過這次大家合力幫忙，也拉近大夥感情不少，當然還是要請他們吃吃喝喝啦！

這次改造古厝的最大挑戰是什麼？

古厝緊臨海邊，四季面臨不同氣候、溫度及鹽分影響，在選材購料方面花很多心思評估，因預算有限，需耗時尋覓二手傢飾及木材，利用空餘時間自行DIY慢慢拼湊成一體。除了廢材重新粉擦，給予舊物新生命之外，最令我得意的就是，原本不相容的材料，幾經巧思變裝轉成有用途的物品，例如書架與層板。

靠海邊
地點：花蓮縣壽豐鄉鹽寮村
屋齡：40年
敷地：28坪
建地：20坪
格局：客廳、餐廳廚房、2間臥房、1間和室、衛浴、180度賞海景觀庭院
房屋結構：鋼筋混凝土＋強化磚造

將原本的隔間牆打掉半道牆，並以磚牆去修飾剩餘的半截牆面，復古的感覺就出來了！

土地房屋費用規劃表

項目	費用（元）
土地、改屋總金額	113,300
支付頭期款	30,000
自有資金	150,000
每月固定支付租金	12,000

造屋裝修預算表

項目	費用（元）
門窗工程	25,000
泥作工程	45,000
油漆工程	4,500
水電衛浴工程	800
木作工程	5,000
窗簾工程	3,000
景觀工程	30,000
工程總價	**113,300**

花蓮市
等待27年
的陽光
shining house

利用房子基地兩面都可採光的特性，在房子側牆開一面落地窗，並將房子正面重整、頂樓裝上白色水泥板，使整棟建築外觀更具整體性。

屋主：小閔（許雅閔）
現為室內設計師，經營雅堂空間設計。喜歡親身實驗各種建材與設計方式，作品有住家、寵物店、診所、商務旅店（摩洛哥精緻商務旅店、花東京城商旅）、民宿（花見幸福）等。
聯絡：0913-838-912
etom3388@yahoo.com.tw

取材時 2009 年 7 月：夫 33 歲、妻 33 歲、小孩 7 歲
結婚：2000 年 6 月
孩子出生：2001 年 10 月
開始找房子：2004 年 7 月
買下老屋：2004 年 7 月，仲介手續費 12 萬元*
拆除工程：2004 年 8 月
地板工程：2004 年 8 月
頂樓裝修：2004 年 9 月
外壁工事：2004 年 9 月
完工年月：2004 年 11 月

* 賣屋及買屋總共只用了一星期時間。看老屋第二天就決定買下，但得先處理原有的舊屋，因原屋況不錯，第一位看屋客人也在她買下老屋的隔天就談價成交，順利處理了兩件事。

房子原本外觀與左邊棟如出一轍，裝修時修改了二樓窗戶及一樓的玄關格局，外皮也重做防水粉刷。

為了家庭與事業能兼顧，捨棄了店面型的工作型態，試圖尋找市區合乎家人居住需求及工作便利的房子，透過對設計的經驗與熱愛，小閔成功地將二十七歲的老房子改頭換面！

大門的正面。窗戶位置以前原本是門，左邊的大門以前則有一半是牆面。外牆貼米黃色造型磁磚，前方霸王鞭是撿拾別人丟棄的，將原本傳統的盆子換成大陶盆，立刻就有型了。

原本小閔一家人住在花蓮吉安鄉慶豐村25坪邊間中古屋裡，也是經過改造後的溫馨小窩，但因工作室與住家分開，晚上加班無暇照顧小孩，因此決定尋找市區房子，以便住家及工作室能合併。

然而，找屋的先決條件——不能是店面而必須是有獨立車庫的邊間住宅。然而因預算問題，也因需要面寬型的屋子，這種條件只有老屋才有，所以還是以中古屋為考量。「從擁有第一間房子起就知道，它不會是我的永久居所，選擇中古屋是因為轉賣的折價率較高，房價不如新建屋

貴，加上邊間容易轉賣。」小閔說，「我很幸運在花蓮買了人生中第一間房子，也善用了這個資源成功轉賣房子，而有能力買下人生中第二間房子。」

狹長室內四道隔牆　白天如黑夜

這間老屋求售許久了，一直沒人敢買，滲水嚴重不說，內部的隔間是早期隔法，光是一樓就隔了四道牆，光線無法進入，即使白天裡面也很陰暗，因此屋主遲遲無法脫手。小閔看上此處離市中心近，又遠離大馬路，環境還不錯，而老屋的各種狀況，反而激起她設計師的本能——幫房子看診、對症下藥、改造整型。「我第一眼就決定要它了，雖然是連棟，不過它的右邊是鐵皮搭建的車庫，是難得的兩面採光，可惜全給牆遮住了。」小閔說，「門前有幾棵椰子樹，增添不少綠意，也是吸引我的原因之一。」不過，現場並未看到椰子樹，原來是搬進來後，因為老人家認為樹木會影響風水，就把樹砍掉了。

1　右側的落地窗是後來開的，可以讓更多光線進入室內餐廳。

2　牆壁都重新塗上防水漆，雨遮很好用，就留著。前方刻意保留空白，做為車庫停車用，也讓客廳擁有採光。

3　郵箱，上面的字樣是跟辛苦的郵差先生說「THANK YOU」。

4　從房子左側看屋頂，可以發現只是立起來的水泥板，目的是從巷口看的時候，不會看到斜屋頂鐵皮。

5　特別打磨訂製的地址字樣，為強化塑膠材質，費用約1600元。

6　原本老屋的牆面只到白色柱子的區域，天井下方是新增的區域。天井架上透明PC板即可達到採光效果。

7　遊戲間的牆上記載著孩子成長的高度。

8　使用系統板材做成的電視收納櫃，原本是淺色的，基於實驗決定漆上霧面黑。遮住電視的兩片櫃門，是使用隱藏式懸吊的方式，所以看不到軌道。

做好老屋防水　成功一半

由於經費有限，無法拆除整棟牆重做，故僅拆除滲水最
嚴重的房屋正面，其他牆面則重新漆上防水漆。小閔將
外觀重整成低調的白色，原有的斜向窗戶是老屋滲水的
原因之一，於是重新整修，將滲水的窗簷拆除，再讓窗
戶內縮、做滴水線，降低雨水依附在混凝土牆的可能。
不過因為少了雨遮，雨大一點時還是會有困擾，「如果
沒有雨遮，不建議用水平窗，窗框容易積水滲入，建議
改用垂直向的外推窗，若能用氣密窗當然更好。」

自宅就是最棒的居家實驗品

室內一樓的隔間全部拆除，讓客廳與餐廳採開放式，餐廳臨外面車庫那面牆開有一整面落地窗，使得室內的採光更充足。由於本身是設計師，她以實驗的心情將各種建材用在不同房間，光是地板材質，每層樓、每座階梯都不一樣。而顏色也隨著季節定期改變，「看膩就改。」小閔豪爽地說。「如果將來有更多預算，我還打算將餐廳區的一到三樓都打通，種一棵大樹在裡面，應該會讓空間顯得更加豐富吧！」

現在，小閔夫妻倆及孩子有各自的空間，孩子寫作業時，就到二樓陪讀，原本的鐵皮頂樓則改為適合室內活動的撞球室。全家人最常聚在一起的空間，則屬一樓採光明亮的餐廳及客廳，即使小閔在廚房做菜，也因為寬敞的視線，可以隨時注意孩子們的動向。

1 從客廳往餐廳看，視線甚至可直達廚房。小閔也是四年前「氧化鎂板」的受害者，變形發黃及吸溼等狀況百出，要更換又很麻煩。

2,3 餐廳再過去就是小朋友的遊戲間與廚房，因為有油煙又要注意孩子的動靜，廚房架了清玻璃，下方的空間還可以用來收納。

4 書房塗上蘋果綠，搭配白色的書架。書桌表面是地板裁剩做成。這裡是小閔陪孩子寫功課的地方。

5 舊式的階梯寬度都在88公分左右，之前的欄杆直接與第一階對齊，會有壓迫感。小閔將階梯往後退，並將原本的直角改為圓弧，壓迫感竟不見了！

6 客廳與餐廳之間由夾板膠合的隔板，搭配上懸吊式的軌道，可任意移動隔板。咖啡桌可以分開成四個小桌。

7 據小閔回憶，老屋的牆與地面近乎波浪狀，階梯無法在工廠訂做，必須當場一階一階順著牆面來調整，現場製作。

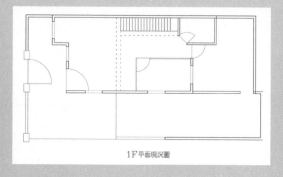

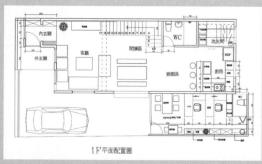

1F平面現況圖

1F平面配置圖

裝修過程摘要

1 老屋一、二樓正面都拆到只剩樑柱。頂樓的屋頂其實是斜的，裝修後並沒有更動，只在外側立上水泥板。

2 一樓原有的鋼筋混凝土樓梯決定拆除，原有的廁所開口朝向樓梯。

3 為了利用右邊難得多出來的通道，房屋左側新開一道落地窗，將外界的採光引入房子中段。

4 一樓末端做為廚房，先將水管電線鋪好，牆上甚至標示出冰箱位置。

平面圖

（上）一樓原始平面圖：往內走穿過重重隔間，還有房中房，樓梯旁的廁所門斜開。

（下）改建後平面圖：將隔間拆除、廁所轉向、朝車庫的方向開大窗。

林政街陽光房
地點：花蓮市
建地：60坪
格局：一樓為採光室、車庫、玄關、客廳、餐廳、遊戲間、
廚房、衛浴；二樓為書房、主臥、小孩房、長輩房、衛浴；
三樓為撞球室、衛浴、儲藏室、水塔間、晒衣間
房屋結構：鋼筋混凝土＋加強磚造

造屋雜項預算表

項目	費用（元）
仲介手續費	120,000
登記費用	100,000
保證金	100,000
火災保險	488
地震保險	1,350
地價稅	4,114
房屋稅	2,603
合計	**328,555**

土地房屋費用規劃表

項目	費用（元）
支付的頭期款	100,000
貸款金額（全額貸款）	3,900,000
每月固定支付貸款金額	21,000

造屋裝修預算表

項目	費用（元）
拆除工程	50,000
鋼構工程	200,000
門窗工程	200,000
泥作工程	200,000
地壁磚工程	85,000
油漆工程	145,000
廚具設備	100,000
水電工程	180,000
衛浴設備	85,000
空調工程（部分為原有冷氣）	60,000
木作工程	800,000
窗簾工程	60,000
清潔工程	20,000
園藝佈置工程	35,000
防水工程	15,000
家具設備（部分為原有家具）	50,000
燈具設備	80,000
工程總價	**2,365,000**

台東關山
筆墨不見
痕跡的家

優雅，其實可以很簡單，我有幸在台東關山遇到如此文人。他運用機能營造空間美學、用模組去規劃空間格局，他在綠意包裹的房子裡，簡單紮實地生活著。

屋主：林志堅
藝術家、畫家、書法家、建築師、生活家。
喜歡研讀古書，從四書五經到孔孟老莊，目前正在閱讀中的是《史記》。

取材時2009年6月：夫59歲、妻59歲
決定搬到關山：1985年8月
施工年月：1989年3月
完工年月：1989年12月

挑高的客廳串起了餐廳、樓梯、二樓工作室及右側通往臥室的走道。空間簡單，專為生活打造，沒有無意義的裝飾。

如果你住過台東的「來吹涼風民宿」而念念不忘，或在網站首頁看到「來吹涼風」那四個書法字而深受吸引，那麼你應該來看看民宿的設計者及題字者──林志堅的家。

先穿過一條小徑，才進到住家。玄關上掛著的題字，可愛的讓人噗嗤想笑，但又很有林氏的堅持，上面寫著「來客須知：先敲鐘。關手機。不染髮。不畫臉。不抹香。」忍不住先核對一下自己符合了哪些，嗯，後面三項都做到了。

林志堅的家，很舒服。這種舒服是來自於「優雅的自在」，就像是辛苦了一整天，你到達了某處可以讓你放鬆、但又不會隨便造次的地方，這裡，就有這種魅力。

1 屋頂延伸出一大截，可以為室內遮蔽太陽的輻射熱。

2 從大門車庫朝通往門前的小徑望向房子，隱身在竹林中、爬藤裡，房子被植物緊緊包裹著。

1, 5 不會破壞牆面的「爬牆虎」,是用吸盤固定在牆上,不像薜荔的鬚根會鑽到水泥牆縫。爬牆虎冬天掉葉、夏天茂密,可幫忙調整室內溫度。

2 入口旁的「門鈴」。

3 後院的水池來自溪流分支,林志堅採取野放策略,讓裡面的生態系自然發展。

4 字如人,人如房子。林志堅於自家門口,背景為他親手寫的:「四書五經諸子百家勤讀不輟,普洱老茶高粱二鍋須臾不離,樸居晏如也。」

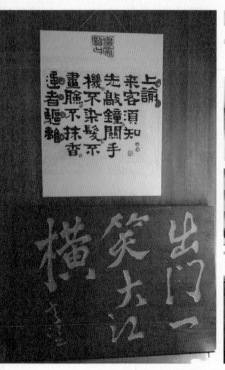

1 玄關處，兩種不同字體皆為林志
堅所題，幽默感，與豪放氣度中
可看出的處世態度。上為「上諭。
來客須知：先敲鐘。關手機。不
染髮。不畫臉。不抹香。違者趨
離。」下為「出門一笑大江橫。」

2 複合機能的餐廳區，面積為4×4
公尺，也是會友、喝茶、聊天、
閱讀、發呆的空間，是林志堅最
喜愛的角落之一。兩盞台式老吊
燈，似乎生來就屬於這裡。

3 平行客廳的私動線，利用樓梯的
存在也附設一道衣櫃。「士先器
識後文藝」為林志堅所題，而他
的人生也正如此實踐著。

房子就像樹

「房子本來就應該是綠建築！」當我談起最近綠建築頗
為興起，林志堅老師很不以為然地說，「三十年前唸建
築系課本翻開第一頁，就講住宅要通風、採光、舒適。
這都是人類居住的最基本條件！」而綠建築的目的之一
不也就是這樣嗎？「有住人的房子，就像樹一樣，需要
通風、採光、與氣候相協調。」

4　從餐廳往門口看去。挑高的客廳是由兩個4×4公尺的空間組成，中間白色柱子是支撐整棟建築的關鍵。滿足通風、採光這兩個基本原則，讓整間房子十分舒適。

5　入口動線與客廳之間，實木平台上擺設裝醃漬物的容器。

6　愛聽古典樂的林志堅，以CD尺寸自行設計的單元櫃，分為兩格一組及四格一組。四格的中間隔板可移動，助於CD分類。

「我喜歡平實簡單的東西。」

是的，有點中間偏左派、有點社會主義的林志堅不喜歡蓋「昂貴奢華、大而無當」的房子，他曾在《台灣建築》雜誌中提到「我喜歡平實簡單的東西，它內層往往有很高的豐富性讓你去咀嚼、去尋找。我不做施工艱難的設計，我的房子希望一般工人都能順手施工，所使用的建材，也都是一般建材行隨時就能買到的材料，這樣蓋出來的房子，工期一定、風險小，造價也必然便宜。」

7

1 從書法區看繪圖區，能生活在這樣的風景裡，是幸福也是知足。

2 林志堅將四格為一個單位的書架橫放，擺放藏書與幾十本素描本。

3, 4, 6 二樓工作室分為書法區與繪圖區。此區為繪圖區，以榻榻米定調，桌上擺的是迷你尺寸的圖桌，工具、尺都用基本款。右側有小型淋浴區，覺得熱了、累了，淋浴一下頗為暢快。

5 熱愛古典樂的林志堅，即使是小憩一下，音響也不能馬虎。

7 從樓梯上來先接書法區，是林志堅練書法之處，他不但練習各式字體，也自成一格。「來吹涼風」民宿店招字樣即為其所題。

生活時光的累積　就是空間最好的裝飾

對我而言，林志堅的家，真是好看。他的書法筆墨，有的攤在二樓的扶手牆上；外套，就掛在椅子上。常用的茶壺茶杯，就這麼適切地成了桌上各式小小藝術品。

收納櫃是他自己設計的模組、牆上掛的也是他的創作。

二樓的工作室，大片採光玻璃被爬牆虎的綠意所包圍，是好看又自然的免費裝飾。這裡的場域散發著自成一格的自在姿態，能夠待在這裡一個月，足不出戶，絲毫不會讓人訝異。

基地配置圖

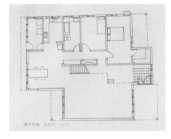

一樓平面圖

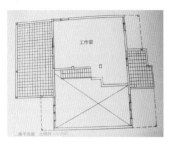

二樓平面圖

聽說餐廳的木地板有換新過，為什麼？

原先的木地板，因雨天雨水從屋簷掉落地上時，還會碎裂成許多小水珠，反彈到房子的外牆，時間久了就會滲透進來，因此就乾脆在屋簷下裝上導水管，從此徹底解決了木板潮溼的問題。

你的家似乎大量運用了模組、單位的概念？

以空間而言，房子面積不用大，30 坪兩人住剛剛好。模組的方式，符合經濟效益，又可以用重複的形式來營造一種美，就跟巴哈的音樂一樣。

我家是由很多 4×4 平方公尺組成。客廳是兩個 4×4、餐廳是一個 4×4、廚房也是一個 4×4。至於為什麼都是 4×4？因為以 RC 而言，4×4 是最經濟的方式。

另外，包括書櫃、CD 櫃、掛畫，我也都運用這樣的概念。從二樓往下俯視一樓，會看到牆上釘了三根長木條，接著格式統一的框畫就可以整齊掛上。

House Data

關山林宅
地點：台東縣關山鎮
敷地：359坪
建地：40坪
總樓地板：63坪
格局：玄關、客廳、餐廳、廚房、主臥、客臥、衛浴、工作室
房屋構造：一樓RC＋加強磚造；二樓輕鋼架；屋頂鍍鋅鋼板
當時建造總價：195萬元

鄰居張宅
從台北移居台東的鄰居張先生，請林志堅為其設計房子。房屋外觀日晒面設計成牆與前廊，採光面則開窗並設置小陽台。張宅的設計從中軸線及對稱延伸到端景窗、半圓形的天花板。客廳、餐廳部分僅有一層樓，屋頂就用輕鋼架。客廳的弧形天花板用木條一根一根固定，遠看頗為精緻。

架高的地板可以避開土壤的溼氣，也可保有土地
原況。以在地的輕鋼構建材設計，平價又舒適。

台東都蘭
吹涼風
112萬元綠住宅
sea & land's breezing

材料隨手可得、工法容易、省錢環保；不用安裝冷氣、空氣清靜機、除溼機。這是理想的低耗能舒適住宅，也是綠建築的真諦。

屋主：郭大哥
整理環境、種果樹（最近種香蕉）、看書、陪小孩、收集廢柴做為鍋爐燃燒原料。
聯絡：0935-987-937
wind.e089.com.tw

取材時2009年6月：夫46歲、妻42歲、妹39歲、小孩9歲
結婚：1994年3月
小孩出生：2000年10月
開始辦理蓋屋程序：2008年6月，費用約8萬元
施工年月：2008年7月
結構樑柱建置：2008年8月
外壁工事：2008年8月
完工年月：2008年9月

室內的第一個空間，廚房＋複合式活動區，圖中
桌子是家庭互動發生的界面。天花板使用的是低
導熱又防火的鑽泥板。

澳洲有 Glenn Murcutt，台灣有林志堅。他所設計的再吹涼風建築，架高的地板可隔離地板溼氣；斜屋頂與雙層牆可以調節室內微氣候；建材可再回收；工法易於複製；毒性揮發物是零；最重要的是，很低廉的價格就可以達成。

談到綠建築，一般人的反應通常是「很昂貴＋高科技」。我常想，有沒有人可以用低廉的成本去打造便宜、舒適又有設計感的綠建築？喔不，講「綠建築」太沈重，還要經過各項嚴格的規章檢驗才能成為綠建築，那姑且稱為綠房子好了。總之，我在台東都蘭找到答案。

蓋一間不需要冷氣的房子
屋主郭大哥是台東人，曾經在台北工作過一陣子，後來還是覺得回老家生活最符合自己的個性。當時郭大哥的老家位於擁擠炎熱的台東市區，三月開始一直到十月，

1 建築本體是傾斜的屋頂，上方再架設傾斜的外屋頂。前廊兩側設置寬度可坐的欄杆，供一群人在這個空間聊天賞景。

2 上方的開窗主要是提供空氣對流、下方開窗主要提供遮陽與採光。

3 室內的第二個空間：臥室。用榻榻米當底，下方可收納，因通風與乾燥的關係，不用擔心榻榻米潮溼。圖中的隔牆區隔出臥室與廚房。

4 第三個空間是廁所與浴室。門往外推開就是露天淋浴間。

5 半戶外的前廊一景。

若沒有開冷氣就很難受，但開了冷氣，室內循環不自然的涼意，又讓全家人感到生理上的不舒服。

找到一塊地之後，他開始尋找瞭解他需求的設計師，經過朋友介紹，認識了林志堅建築師。先設計出「來吹涼風」住宅，結果太舒服，應觀眾要求改為民宿，只好再請林志堅另外設計「再吹涼風」，終於讓全家人有一處遠離台東市區的安身之處。

這棟名為「再吹涼風」的輕量化建築，不採用昂貴高科技的綠建材、不探討複雜的綠建築理論，「通風、採光、舒適」這三大住宅的重點，以聰明輕巧及品味兼具的方式達到了，17坪的造價僅只112萬元，而且長久居住也不會有機能設備不足的問題。

通風、遮蔭，自然會涼

因為房子重量輕，以架高的混凝土做為獨立基腳便足夠，使用五金行就買得到的戶外用鋼板做為外牆，內搭常用的平價松木板，因不上漆而有香氣。

外側鋼板與內側松木板之間形成的空氣層，可以讓冷空氣從下方進入、熱空氣從上方流出，而房子上方再架高的斜面，可以避免陽光直射在建物本身的屋頂上。郭大哥常在炎熱的下午，汗水淋漓地回到家，三步併兩步走到屋內、打開窗戶，微風徐徐，一下子身上的熱意就為舒服的涼意所取代。

「再吹涼風」房子不只一棟，故另可供客人獨立居住，室內空間主要規劃為半戶外前廊、廚房及複合式公共空間、臥室、浴室四大必備空間，沒有配備空調（也不預留空調管線）、沒有電視，部分家具是用回收木料製成，開窗就會看到山景，坐在前廊還可以欣賞遙遠的海景，讓思緒隨風飄逸，做夢發呆，舒服地讓心微笑起來。

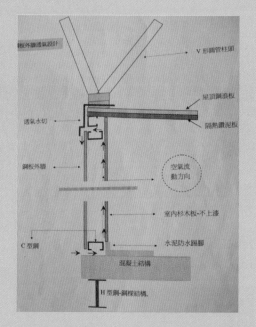

再吹涼風牆面剖面說明
1 緊接著獨立基礎的是扮演架高地梁角色的H型鋼。
2 H型鋼上方支撐著混凝土的地板。
3 地板上的牆，由外側的鋼板與內側的杉木板組成，
　內外牆的距離是一個C型鋼橫擺的寬度，冷空氣從
　C型鋼下方進入。
4 熱空氣從上方流出。特別設計的透氣水切，不但避
　免雨水昆蟲滲到牆壁的中空層，也可讓中空層的空
　氣流出。
5 建築物內部的天花板是防火隔熱的鑽泥板，而外側
　則是鐵皮屋常用的鋼浪板。
6 V型鋼管之上所支撐的外部屋頂，也是鋼浪板。

House Data

再吹涼風
地點：台東縣東河鄉都蘭村
建地：17 坪（室內 14 坪、室外 3 坪）
格局：前廊、複合式公共空間、廚房、臥室、浴室、戶外
使用建材：RC＋H型鋼＋C型鋼＋金屬壁板＋杉木板（內裝）
房屋結構：RC＋鋼構

「再吹涼風」整體據說比「來吹涼風」更省成本，請問訣竅是什麼？

相較於上次大面積地挖填方，我們發現架高的獨立基腳建築不必全部挖掉原有地基土壤，加上建築物面積小，整地範圍盡量控制在建築物往外延伸 1 至 2 公尺距離即可。小幅度地整地不但成本低，水土保持及排水力也較佳。

專家

營造商 李溫達
與林志堅建築師合作多年，對於低成本的舒適建築有多年營造經驗，也是業餘建築包商。
聯絡：0932-661-766

工班

泥作工程	蔡東吉	0932-660-061
屋頂結構	盧建榮	0937-600-880

造屋裝修預算表

項目	費用（元）
建築設計	50,000
整地工程	15,000
RC地基工程	80,000
鋼構結構體工程	540,000
門窗工程	65,000
泥作工程	35,000
油漆工程	11,000
廚具設備	45,000
水電衛浴工程	110,000
木作工程	145,000
清潔工程	10,000
景觀工程	14,000
工程總價	**1,120,000**

台東龍過脈
享樂四古厝
old is new

將八十多歲客家古厝的「殼」和「骨架」保留下來，換上新的色彩與內部陳設，過程80%自己來，預算每間控制在50萬元以下就搞定了！

屋主：蔡董
是泥工、木工、五星級手藝的廚師、畫家、園丁、建築遊戲家、生活家，目前在龍過脈生活，以遊戲實驗的好奇心，繼續玩各種素材搭建基地各式小結構。

取材時2009年6月：主人61歲
從台中移居台東龍過脈：1983年6月
施工年月：1983年7月
當時土地＋建物總價：195萬元
古厝DIY改造：40萬～50萬元
改造＋整地＋小工程：增加中，無上限
完工年月：1984～2008年12月陸續完工

將古厝原有的白牆漆成粉紅色、地板換成歐式鄉村
風陶磚，中西混搭的方式讓古厝內部充滿時尚感。

曾經，吃一頓飯花上二十幾萬是理所當然；現在，「白天是泥工與木工，晚上是廚師，偶爾當畫家，週末當園丁、除除草。」蔡董邀請他的眾多好友，在龍過脈一起體驗樸實率真的古厝生活。

料理厝

1 舊磚造平房改造，座落在四間古厝的最高處，也是停車場旁邊，料理厝是朋友到訪時的第一站。磚造的結構、日式木牆的外觀。茅草鐵皮屋頂由昂貴的台灣櫸木當柱子支撐著。

2 別小看這個前廊，最多曾經同時容納三十位食客，是蔡董的教師朋友帶同學們一起來訪的盛況。音樂家胡德夫也是這裡的常客。

3 蔡董自行設計的燒肉桌，將煤炭凹槽嵌在桌面下，上面再放同尺寸的厚實鐵架。

蔡董的家族早期從事建設開發相關事業，版圖龐大、擴及國內外。因此，國立藝專（台灣藝術大學前身）美工科畢業，集品味、家族財富與藝術天分於一身的蔡董，與許多大集團第二代及眾多藝術家、畫家相當友好，常常一起大吃大喝，「一頓飯二十到四十萬花費算正常。」

直到四十幾歲，也許是玩膩了、也許是人生的一些事件影響了他的想法，總之，「時間到了，就開始找地了。」原本在台中的他，竟翻過中央山脈找到了台東龍過脈明峰村一塊山腰地，這塊地有幾間廢棄的客家古厝，還有

料理厝

1 料理厝內部主景。蔡董保留古厝的桁架結構，並順勢改造成日式料理吧台，吧台後方就是蔡董大展身手的廚房。

2 古厝牆上掛的飛魚乾，質感竟也與背景的日式木牆超搭，是美食也是裝飾。

3 燒肉桌擺了飛魚生魚片、生牛肉、啤酒、沙拉及自行醃漬的和風韭菜，背景播放的是〈Put Your Head on My Shoulder〉等老歌的蔡式風格氛圍。

4 蔡董以精湛的技術、熟稔俐落地刮出細瘦飛魚的生魚片部位。

滿山林的大樹，山坡地可以擋強風大雨，蔡董一見傾心，於是決定買下這一甲地。

從白布條抗爭到成為好鄰居

幾百年來，龍過脈這個小村落住的都是原住民，人口只有遷出沒有遷入。今天突然來了個「西部平地人」，又買了一大片位於溪水上游的山坡地，著實為原有的居民帶來不安與騷動。在陌生與恐懼之下，居民們發起了抗議行動，「他們找來了當時的三大電視台，所有居民都綁上白布條抗爭，理由是我破壞水源，企圖讓我知難而

客房厝

5 大門把手換上當年在歐洲購得繪有青花陶瓷感的櫃體小把手。

6 客房厝前的大院，保留原有的大樹，並將荒蕪長滿野草的土地改成草皮與造景。

7,9 據蔡董說這原本是客家古厝，由於外型保持不錯，就沒有進行太大的變動，僅做局部補強，並將門口原有的兩根水泥柱及八角窗框漆成白色。

8 將古厝原有的白牆漆成粉紅色、地板換成歐式鄉村風陶磚，中西混搭的方式讓古厝內部充滿時尚感。

退。」但他還是搬進來了，「之後，我從山上引下來的水管，常常被破壞，由於知道原住民比較怕鬼，後來乾脆在水管上面貼符咒嚇阻，終於沒再發生這樣的情況。」

古厝改造計畫先放一邊，蔡董先改造與鄰居們的關係，有事沒事，就邀請他們來家裡坐坐，做些拿手好菜請他們吃，晚上甚至一起唱歌跳舞、喝啤酒、吃宵夜，時間久了，原住民發現這位西部平地人原來也滿可愛的，便漸漸接納他。

交誼厝

1 緊臨著路邊的交誼厝，是蔡董新建的磚造屋，並搭以輕鋼架屋頂。磚牆以台灣磚穿插幾塊南非磚，營造變化的牆面。

2 這棟新厝位於斜坡上，較大面積的開窗，都朝向山坡綠意的方向。

3 蔡董喜歡在大門前設置寬廣的半戶外廊道，晚上比較涼爽的時候，就可以搬出椅子來吹風。

古厝改造控制在50萬元以內

一開始蔡董只是抱著渡假的心態來這裡住住，直到快五十歲時，他最要好的朋友得癌症驟然過世，要從極度難過的低潮中恢復，似乎只能做點什麼事。首先，他花了近千萬元先把這一甲地加以整地。為了能讓他駕駛的越野休旅車在這裡行動能更自在，他保留原有的大樹，把雜草及灌木去除，再將各處蒐集的巨型雅石擺在基地各處。

原屋況頗佳的古厝改造，則保留古厝原有的樑柱結構及外牆、屋頂，僅用內部裝修及外部稍加粉刷的方式來改造，大部分都是蔡董自己慢慢DIY改出來的。遇到較大型的工種，諸如架設吧台等工程，則會召集親朋好友及工班在短時間內完工，「其實我使用的材料都很常見、並不昂貴，最貴的是工錢，每改造一間房子，我都把工期押在兩、三天就得完工，所以自己和朋友也要上場幫忙。成本加工錢控制在50萬以內就覺得很多了！」

交誼大廳是交誼廳的主要空間，此處為觀景角落一景。

交誼廳的壁爐，也是由蔡董自行搭造，下方先放兩層8寸磚、接著再用2寸磚搭起。上方的掛畫是蔡董的創作。

交誼厝 　1　交誼大廳是交誼厝的主要空間，是抽雪茄、聊天之處，
　　　　　藉由餐桌、電視、小咖啡桌及中間的空地，分別界定出
　　　　　四個聚集區域，聊天者可以在其中轉換不同的團體聊天。

　　　　2　樸素的磚與板岩組成的浴室牆面，再掛上藝術金框的鏡
　　　　　子之後，因衝突對比產生的美感讓空間顯得有趣多了。

　　　　3　大廳旁附設的寬敞臥房設計，輕鋼架的屋頂下方，懸掛
　　　　　著藝術吊燈，後方則是磚牆，雖說搭配方式很獨特，但
　　　　　也許是木地板的關係，空間整體看起來頗為和諧。

　　　　4　友人從日本寄來裝美食的木箱，改掛在牆上當裝飾。

每間古厝代表不同功能的房間

有趣的是，座落在小路兩旁的三間古厝，彼此距離約在
20到30公尺左右，每間古厝代表不同房間，都跟「招待
朋友」有關，主要包括料理厝（就像開放式餐廳）、客
房厝、交誼厝（就像客廳）、吧台厝。經由蔡董的親手
改造，每間古厝都有了自己的生命與特色。

這些房子主要都是用來招待朋友，在星光下，常傳出胡
德夫低沈而渾厚的即興高歌，（是的，音樂家胡德夫是
蔡董的常客。）許多來自西岸的建築師，也常帶著學生
們到此見習、過夜，讓年輕人體驗古厝的空間與改造。
每位來過夜的朋友也會禮貌性地致上一些費用，感謝蔡
董的招待。

零污染綠生活的堅持與禮物

今天若換成別人，也許把古厝全都拆了，改蓋豪華農舍，
將所有格局都整合在同一棟，就不用如此辛苦。蔡董卻
有不同的看法，「以前經營建設公司的心得，是覺得太
過開發是不對的，居住環境是否優質，不在於房子本身
多麼豪華舒適，而是自然環境的存在與否。自然環境是
沒辦法人造的啊！」他在這裡住了十幾年，從來都不購

吧台厝

1 蔡董在吧台旁牆上用橘、黃色系畫上熱鬧的馬戲團盛況，
炒熱賓客的氣氛。

2 吧台旁的牆面漆成桃紅色，擺著家裡搬來的舊古典椅，
就成為聊天喝酒的角落。

3 將自家拆換的樓梯欄杆拿來當這邊的吧台柱，精緻的高
腳椅則為朋友所贈。

4 蔡董在門口黏上自己木工裁切的「Happy Valley」招牌。

5,6 也是老屋改造的吧台厝，外牆下方貼岩片、上方漆上蔡
董自己調製的紫灰色。門口的圓柱也被板岩片包圍成方
形柱。

7 撿拾基地上的枯枝，製作出棚架與長凳，長凳的支柱都
是彎曲的，但還是很堅固。

置洗衣機，「雖然辛苦了些，但我都用手洗、而且不加
洗衣粉，只用水洗，就不用擔心排水污染。我的果園也
不用農藥、除草劑。我也鼓勵鄰居少用農藥，希望龍過
脈這塊地能夠慢慢達到有機的標準。」由於這塊地的水
源較為缺乏，他甚至打算設置生態廢水池，希望能夠水
資源回收。「這樣的生活是對自然的尊重，而我也得到
禮物了，就在前幾天，我坐在家門前，一隻環頸雉（台
灣特有亞種，屬於珍貴稀有的保育等級）就在離我五公
尺處覓食！真的很感動！」這樣的感動，也許是這塊地
回饋給蔡董最棒的禮物之一吧！

當初如何設計磚造壁爐與煙囪？要注意哪些事項？

為配合古厝約15至20坪左右的大小，我做的兩個
煙囪口，都將尺寸做成大約2尺×2尺×2尺半的
大小，而下方的壁爐則是1.2公尺左右的開口即可，
可以依照空間體積放大或縮小，但建議磚造壁爐的
寬度至少要60公分以上較有助於燃燒。

為了耐熱，壁爐的底層要先鋪上兩層8寸磚，接下
來再排4寸磚，水泥要將縫隙填緊實，最後再於外
側上一道防水透明漆，降低磚頭的吸溼性。

煙囪頭建議高度在4.5公尺左右，才能成功產生煙
囪效應，煙囪最好加蓋透氣鐵罩，下雨時較不會滲
水到屋內。

基地處於斷層帶，山的背後就是紅葉溫泉，您這邊
有溫泉嗎？如何汲取？

這裡的溫泉水質跟紅葉溫泉一樣，屬於碳酸氫鈉
泉，不過由於地層屬於岩層地質、硬又實，往下每
打1公尺，當時價格是1萬至1.2萬元左右，我打
了600多公尺才發現溫泉水源，光是找溫泉水的成
本就可以蓋一棟不錯的房子了。

House Data

龍過脈四厝
地點：台東縣卑南鄉龍過脈
敷地：1甲地
建地：共約80坪
格局：料理厝、交誼厝、吧台厝、客房厝
房屋結構：加強磚造

台東長濱
鐵皮屋也
一樣亮眼！
magic little house

保留主結構及外牆，僅拆除室內局部隔牆；將不合理室外梯移到後棟室內，同時將後棟屋頂改成單向斜屋頂，與前棟屋頂拉齊，將壓迫感的老屋改造成挑高的溫馨小屋。

屋主：默姐
代書、教會長老，熱心於地方社區活動推動與策劃，閒暇喜歡製作點心甜點招待朋友，週末定期在家舉辦聚會，養一隻名叫撒母耳的金吉拉貓。

取材時 2009 年 7 月：主人 45 歲
買下法拍屋：2007 年 12 月
找設計師：2008 年 3 月
開始動工：2008 年 4 月
施工年月：2008 年 4 月
完工年月：2008 年 8 月

從廚房往樓梯看，樓梯訂做H型鋼做骨架，扶手及階梯用鐵件搭，看起來俐落且輕盈。鐵的深藍色、牆的深灰、木地板，襯托出紫色的柱體和光線的漫舞。

路邊的舊鐵皮屋，經過時通常看都不看一眼，然而，若經過妥善改造規劃，它也可以如玉石般亮眼，住起來甚至比花大錢的豪宅還更舒適、節能！

屋頂與二樓金屬板全部更新，在陽台懸空處加裝一根H型鋼做為支撐，除加強結構外，另可表現出力與美，原本粗大的PVC明管也換成扁鐵欄杆。

台東縣長濱鄉一條小巷弄內、小教堂公園的對面，一間鐵皮屋被法拍多年了，土地連同房子的價格遠低於市價，一直以來卻乏人問津，主要是裡面的設備、格局均已殘破不堪，加上是鐵皮搭建的房子，二樓夏天酷熱、冬天寒冷，居住十分不適。每天早上，在教堂公園運動的人們，運氣轉身的時候總是會看到這間殘破的房子。

孤單殘敗老屋的變身期許

最後，在當地從事代書工作的默姐看不下去，決定自己買下來使用，她找來老友劉維平（主業農夫、副業設計

師）來幫她設計。「我需要一處可以安靜閱讀、處理工作事宜的空間，還有提供朋友們舒服聚會、聚餐之處。因此餐廳跟廚房也很重要，要完全滿足我的使用需求，最重要的是用最少的預算完成。」眼神閃爍著和善與純真光芒的默姐，的確是位熱情的人，她同時也是教會長老，平時招待朋友來家裡吃喝外，也會邀請教友們到家裡做例行性聚會，因此，要能夠容納十幾人以上才行。

整合屋頂斜向　營造挑高大氣

首先，設計師將房子後段一樓雙斜屋頂拆除，換成挑高單斜屋頂，戶外樓梯拆除，再另外新建樓梯於單斜挑高處，使挑高的屋頂延續前屋頂的斜度，在斜屋頂挑高處利用大片開窗來迎接海岸山脈的山景，同時具備了採光、通風功效，房子原本的壓迫感立即不見；二樓戶外梯入口處的空間加以綠化成了舒適的陽台；一樓前另設庭院及水池，讓運動同好、路人，以及就位於對面的天主堂的吳神父*和來此按摩的客人有了煥然一新的視覺享受。

*以腳底按摩著稱的瑞士人吳神父。

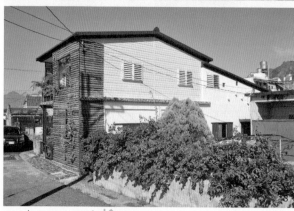

1　房子原始正面，要到二樓必須走戶外梯。動線極不合理。

2　房子東南側原況。

3　將後方的屋頂架高並改成單斜，接續前面屋頂的高度，牆上的四個白點是原有屋頂的樑，將房子的過去也部分保留下來。

4　屋頂與二樓外牆金屬板全部更新，在陽台懸空處加裝一根H型鋼做為支撐。

5　樓梯移除，將廢棄圓木片設計為屋前面東的木隔柵，再種上爬藤植物，不但讓外觀變得開朗有活力，也創造緊臨路邊的私密功能，更幫助白天屋子的降溫。

6　客廳主牆釘上四根H型鋼，兩邊繃上米白色麻布、中間則是打孔的鏽鐵，下方均懸空，讓視線及空氣都能夠達到流通效果。

7　將大門框內縮後移，以紅磚收邊以表現鄉村樸實，讓屋子正立面造型變化。地板找木材工廠櫸木零料，以平口的方式鋪成。L型沙發和寬敞的空間可容納十來位教友齊聚會。

before 3

before 4

1

2

5

1 改造後，同一角度看到底。客廳之後是長
　輩房，接著是樓梯與餐廳、廚房，每個空
　間都留「空」，讓視覺有所穿透。

2 長輩房與樓梯之間刻意保留原來的開口，
　較不會產生壓迫感。畫面中的衣櫃與收納
　櫃，為降低預算都是使用木芯板自行釘
　製，衣櫃的百葉門片可透氣。

3 從客廳往內看到底的原始狀況。

4 餐廳及廚房原況。廚房洗碗槽原本是水泥
　貼磁磚。

6

7

before 8

before 9

10

11

5 寬敞挑高廚房餐廳，善烹調的設計師老友設計ㄇ型動線吻合做菜程序，從冰箱拿出菜，接著在洗碗槽洗菜、在工作檯面上切完菜、順手將菜移至瓦斯爐上的鍋子裡煮，煮好之後直接端到左邊的餐桌上。爐前貼了一大片烤漆玻璃，方便清理油汙。

6 單向的鐵皮斜屋頂往後方挑高，室內一點也不悶熱，原因在於大片的開窗使室內上升的熱空氣有了排出去的開孔，且採光良好，讓不論是在二樓或者是在一樓的客廳，視覺都能遠眺至海岸山脈的山景。

7 從廚房往樓梯看，樓梯訂做Ｈ型鋼做骨架，扶手用簡潔俐落鐵件設計。鐵的深藍色、牆的深灰、木地板，襯托出紫色的柱體和光線的漫舞變化。

8 二樓房間原本狀況。

9 浴室洗手檯與馬桶之間本來有隔間牆。

10 二樓空間主要都包括工作室及兩間房間，將原本的鐵皮都拆掉，換成玻璃窗，上方的橫窗也可以開啟透氣，地板用平價的木芯板鋪成，衣櫃、桌子也是用木芯板自行設計製作。

11 將兩者之前的隔間拆除，磁磚拆除、水泥粉光，使浴室顯得粗獷中帶有個性，且溼氣也能更快散去。

冷氣？免了

因為後段屋頂挑高及開窗，大幅提升空氣對流。當默姐聽到設計師說不打算預留冷氣管線及冷氣窗口時，很緊張地重複確認，「真的不用裝冷氣嗎？夏天這麼熱，真的不用裝嗎？」

真的不需要冷氣嗎？拜訪前一天（2009年7月8日，豔陽天），就借宿在默姐家，我睡在二樓，屋頂是常用的Ｃ型鋼架矽酸鈣板，完全不感覺熱。隔天白天拍照的時候，隨日照的角度越來越高，的確會熱，但是打開電扇之後，空氣有了流動，就不會感到悶熱，就像待在一般混凝土房屋的室內感受差不多。

改裝完畢　價格翻倍

可能是改造前與改造後的屋況與感受差異實在太大了，室內的用色既明亮又大膽，給人耳目一新的感受；溫馨細膩的室內空間感，走進去之後立刻讓人倍感親切。許

1 從餐桌處看樓梯，可以透過兩個開口讓視覺延伸到其他空間。

2,3 從二樓工作室外面的陽台看過去，就是吳神父教堂公園的風景。

4 樓梯下方地面鋪滿卵石，其實卵石下方就是土壤，而非水泥。設計師認為室內需要有「土氣」調氣，居者才會健康，默姐將大型蔬果放在樓梯下方，既可保鮮又具有裝飾效果。

5 去修車廠找到人家不要的汽車零件，因為硬度及彈性均佳，拿來當二樓陽台門的門把。

6 刻意讓小門鐵件自然生鏽，鮮紅的鏽鐵象徵著台東的海風與炙陽。

7 入口的門片使用炭燒過的木料拼合而成，與室內的餐桌椅風格一致。

多來訪友人直呼不可思議，甚至有人願意出裝修總價的兩倍請默姐轉賣！不過，默姐很喜歡完工後的房子，完全不打算賣出。

現在，默姐的朋友們三不五時就會來找她，她有一張自行設計的燒肉桌，這張桌子平常是一般餐桌，要烤燒肉的時候，只要將燒肉的板子拿開就可以烤了，加上室內十分通風，烤肉香很快就會散出去與左鄰右舍分享。而因為將爐台架適度降低了，故在吃火鍋時鍋內菜餚一目了然。平時二樓就是默姐的工作室和臥房，陽台前有一張大躺椅，下了班躺在椅上讓晚風徐徐吹來，映入眼簾盡是滿天星斗。至今住了快一年，隨著默姐的佈置喜好，這個房子越來越有優雅自在氣氛。

生活細節

1 樓梯間下方的「儲藏室」，其實就是「裸露的土壤」上面再鋪卵石，設計師認為「土」
　氣對居者健康有助益，因為下方是土，也成了默姐讓大型水果呼吸的地方。

2 這張餐桌平常是一整個平面，要烤燒肉時只要將板子拿開就可以使用。

3 浴室之後的花房與晒衣間，屋頂使用透明壓克力波浪板，讓陽光進來。牆上掛滿默姐
　栽種的植物，也成為從客廳往內看的綠意端景。

House Data

教堂公園旁的微笑小屋
地點：台東縣長濱鄉
建地：30坪
格局：一樓為客廳、母親房、樓梯空間、餐廳、廚房、浴室、
花房+晒衣間；二樓為工作室、自己的臥室、客房、廁所
房屋結構：加強磚造

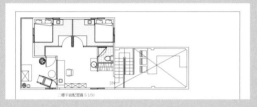

二樓平面配置圖：從二樓工作室往挑高的橫向開窗看去就是
山景、往陽台看則是教堂公園的綠意。

一樓平面配置圖：空間隨著屋型變化巧妙的配置，客廳較寬、
長度就調短；餐廳廚房較窄、就拉長挑高。

專家

設計師　劉維平

荒野保護協會終身會員。正職有機農夫、生活者；業餘是空
間設計師、台東社區營造參與者。早期是景觀設計師，曾經
承作科博館熱帶雨林與台灣植物園區，空閒時喜歡閱讀演化
生物學等相關書籍。
聯絡：w940303@yahoo.com.tw

造屋裝修預算表

項目	費用（元）
建築設計（含工程管理）	200,000
拆除工程	40,000
結構體工程*	350,000
門窗工程（含戶外防颱板）	80,000
泥作工程	70,000
地壁磚工程	10,000
油漆工程	40,000
廚具設備	50,000
水電衛浴工程	130,000
木作工程	250,000
窗簾工程	10,000
清潔工程	10,000
景觀工程	50,000
工程總價	**1,290,000**

* 改建時正逢鋼鐵最貴之際。（每公斤35元以上）

坐在平台上，就可以看到這樣開闊的美景。可以
看到先後次序為生態池、淨水池、草原、海洋。
池畔水波的光影也倒映在屋簷下。

台東

山風、海風
自然空調
的家

natural living

透過家門口的生態池，調節室內外的微氣候，達到降溫效果；再搭配夜晚山風與白天海風，不需要冷氣與電扇，就能享有舒適的涼爽！

屋主：劉維平
荒野保護協會終身會員。正職有機農夫、生活者；業餘是空間設計師、台東社區營造參與者。早期是景觀設計師，曾經承作科博館熱帶雨林與台灣植物園區，空閒時喜歡閱讀演化生物學等相關書籍。
聯絡：w940303@yahoo.com.tw

取材時 2009 年 7 月：主人 53 歲
動念移居台東：1999 年 7 月
買下房子：2002 年 8 月
設計規劃：2002 年 9 月
開始施工：2003 年 3 月
整地：2003 年 3 月
整修房子：2003 年 5 月
完工年月：2003 年 8 月

藉由房子前面的遮蔭平台，以及木階梯、木棧道，
房子與池子產生了對話。

從鎮日加班的上班族，變成有機農夫的劉大哥，利用多年景觀設計的經驗，在台東海濱成功打造出平價、生態、舒適，又有綠建築概念的家。

1 農曆六月中旬，海上的月出，第一幕，就在劉大哥家門口上演了。

2 從生態池一處看房子。荷花是從峇里島烏布帶回的五顆蓮子播種而成，池子裡有各式各樣的蟲魚鳥蛙新移民，互相形成多樣性的生態溼地。

那天晚上，2009年7月7日晚上八點，終於從花蓮趕到台東劉大哥的家，為的是欣賞一年看不到幾次的東海岸美景「海上的月出」，劉大哥說這是今年的第一次，小暑後一、兩天的月亮，又大又圓。

劉大哥已經準備好晚餐，除了剛由太平洋捕上來的新鮮海產，還有一道是清淡的麻油雞，雞是劉大哥自己養的放山雞，不吃飼料，只吃剩飯剩菜與青草，難怪肉質緊實不鬆軟。不過，有菜、有肉，倒是沒有米飯？當時只覺得怪，但反正菜也夠就不多想了。後來才發現，是有原因的，詳情請繼續看下去。

六年前從台北正式移居台東

六年前，正值事業高峰、自我卻一點一滴流失的劉大哥，覺得「夠了」，決定提早退休，把生活的權利交還給自己。剛好劉大哥有位原住民朋友，老家在台東，他便跟著過來走走看看，因緣際會，看上了這處海岸線旁的靜謐基地，當時基地上除了一間尚未完工、無人居住的房子之外，周邊都是休耕的農田，一塊塊往下延伸到海邊。

移植森林表土到基地　生態系自然形成

在都市從事了二十多年景觀設計的劉大哥，其實對自然生態知識廣博，充滿熱情。他放下都市庭園花草設計的思維，以生態出發，關照著基地內植物的配置與種類，營造出了生物多樣性的環境。

由於基地位於台11線公路邊，沿著馬路的漂流木圍籬，隔開車輛的噪音，率性的造型，常常引起過客的好奇，敲門請求入內參觀。 圍籬之後的ㄇ字型綠帶，將房子包圍其中，提供了遮蔽的功能。劉大哥移來了附近原始森林的表土，覆蓋在基地上。這土壤就是原生植物的種子基因庫，蘊含了許多尚在沉睡的種子。哪一顆種子會在這裡發芽，像是個謎，總是帶給大家許多驚喜。因為植物並不是移植來的，而是由種子自然競爭長成，適應了海邊嚴格的環境，往下深深紮根。

Discovery 在自家門口上演

這些原生的植物形成了一圈綠帶，守護著住家。當然，基地上也免不了有蛇和老鼠，不過劉大哥養了兩隻狗和兩隻貓，遇到蛇，必魯和阿虎兩隻狗會先出動防禦，如果真的不行，就輪到貓咪的神掌，劉大哥曾經看到貓咪很神勇的賞一條雨傘節好幾巴掌，受重傷的雨傘節立刻逃走遠離。

1　草原上的羊兒，每到傍晚就會咩咩叫著，要主人牽回家。左邊是為母親設計的房子，是鋼骨外露的玻璃屋，面海，造型精巧。

2　平台上、豔陽下，打盹中的阿虎。

3　坐在客廳中望出去，大海的寧靜就蔓延過來了。

4　從池畔摘下幾個新鮮青蓮蓬，裡面的蓮子剝皮可生吃，配茶甘甜。

5　劉宅房子與基地關係示意圖。依照地形，由高而低，設計出房子、生態池、淨水池，進而與湛藍的海洋交接。

6　基地上的老刺桐，因敵不過前一波釉小蜂蟲害的襲擊而枯死。靠近房子的另外一株刺桐則還在奮戰中。

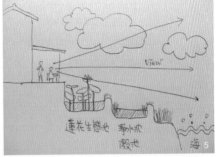

蓮花生態池　淨水池
　　　　　　濕地　　　　海

整地打造生態池　微氣候有利降溫

他將靠近房子的農田用鏟子固定出更高的土畦，畦內則費功夫用鋤頭夯實，引入山泉水。再往海邊一點，就是靜置沈澱廢水的過濾池，接收各種生活廢水，在此經水生植物慢慢沈澱分解成淨水再排掉。生態池中除了放養的魚、鴨和種植荷花外，各種水生植物、青蛙、昆蟲、水鳥開始聚集形成生態系。而最神奇的是竟然還有不知從何處冒出的野生澤龜與鱉，連一對白腹秧雞也過來定居了！各種蛙類更不在話下。生態池的水氣可調整家門前的微氣候，就像安裝了一台大自然空調，不需要電扇、冷氣，待在平台就很涼爽。其他農田則全都讓雜草野放生長，並把除草責任交給兩隻羊，每隔一段時間，就換不同地方，以長繩子綁住，讓羊吃該半徑範圍內的草。

串皆室內外的大平台　最愉悅的生活空間

說到這，不免覺得這裡好似動物星球頻道真人版，只要坐在門口前的平台上，就可以看到各種生物即興節目，而平台也是劉大哥平日最常待的地方，農忙完，就望著海，打盹、發呆、閱讀，不論夜晚或白天，也因此對一年難得的「海上的月出」瞭若指掌！房子裡面也有許多劉大哥的巧思，原本客廳是挑高的，劉大哥覺得沒太大

1　客廳是一樓的主要空間，沒電視，平日以聽音樂欣賞影片為主，平台上也可以欣賞得到。室內地板都鋪上便宜耐用的木芯板。

2　廚房保留原有磁磚，拆除原有的廁所隔間，使面積加大，餐桌複合使用。

3　從臥室開窗看書房一景。

4　原本客廳是挑高的，隔層之後二樓就多了書房空間。斜屋頂不用任何天花板遮住，使書房顯得十分寬闊，書桌是自行釘製而成。

5　同時做為書籍收納、隔間的書架，另外一面是衣櫃，而垂直面的書架則具有通道引導的功能，抬升的地板暗示即將來到不同的空間。

6　走過書架就是臥房與開放式衛浴，衛浴與臥室之間用書架隔開，上方仍是透空的。雨傘節剋星貓咪窩在主人床邊。因為白天有海風，浴室得以保持乾爽；晚上有山風，夏夜仍需蓋被。

7　浴缸緊臨窗戶，洗澡時可以欣賞海景。周邊的卵石，是劉大哥去海邊散步時分好幾次撿回來的。而為了蹲馬桶時仍看得到海景，將原本方正隔間的廁所拆除一角，變成斜向大開，刻意保留敲打過後的磚牆，留下歷史的痕跡。

意義，就將它補平，一樓除客廳之外，尚有廚房及客房，廚房也是劉大哥的小小天堂，多少新鮮美食就在這裡誕生。二樓則專屬劉大哥的私空間，書房、臥室，以及可以邊賞景的寬敞衛浴空間。

從原本的白髮蒼蒼變成黑髮＋小麥色肌膚

劉大哥因長期日晒，肌膚呈現健康的小麥色，整個人看起來只有四十歲出頭。問他這幾年來住在這裡，「是否得到什麼生活哲學或人生態度的感想？」他思考良久後的回答深感我心：「沒有。」一旦沒有什麼生活哲學，人就是自由的。而這是需要實踐力的。

有機農夫的生活

話題回到文中有大餐卻沒有米飯這個疑問上。在與劉大哥的朋友聊過之後，方知即使是老朋友來訪，也鮮少吃過米飯。

原因很簡單——粒粒皆辛苦。劉大哥在長濱山腰處有三甲地的山坡農地，其中有條清澈的小溪，可用來灌溉。因此，他堅持實踐有機稻米的耕作模式，不施「任何」農藥及化肥，因此產量很少，「別人的稻穀都滿滿的、頭垂垂的，一片金黃。而他的都是一小撮，寶貝的要命。」前兩年，因為不使用農藥與化肥，收成本就少，偏偏稻穀在結穗後收穫前就被山豬、田鼠、麻雀分享了一部分，後來田地裡出現一隻大眼鏡蛇，劉大哥對它保護有加，它也很盡責的吃掉很多田鼠和麻雀，稍稍增加收成量。

今年，劉大哥自謙運氣好，播種時間、收成時間，剛好都避開天氣變化，是個豐收年，摸著堆成一座座小山的稻穀，粒粒皆辛苦、也粒粒皆幸福，儘管如此，產量還是遠低於有灑化肥的稻田，所以只能供應給早已預訂的親友們，平常連自己都捨不得吃。至於沒有種田的山坡地，就成了羊兒及雞群們的美食區，不需要餵飼料，每天早上放出來，它們就會成群結隊吃草去，使山坡地雜草不會長太高太密，一舉兩得。

基地與房子原始狀況

基地的農田休耕，下雨時就變成沼澤。房子向西面山的一側，原本是主要入口，晚上山風強，油漆剝落、滲水嚴重。後來此面入口封住少用，並以一圈植物綠帶擋住了北面的強風。

1 粒粒皆辛苦，這句話劉大哥最能體驗。
2 趁著好天氣以人工曬穀，一小堆的稻穀山，可以看出收成還是很有限。
3 羊舍一景。羊兒們散步的時間到了！

海濱‧池畔

地點：台東縣

建地：40坪（另建母親屋20坪）

格局：一樓為客廳、廚房、客房、衛浴、戶外平台；二樓為
書房、主臥、觀景大衛浴

房屋結構：強化磚造

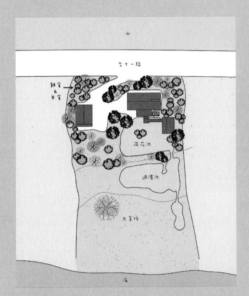

基地配置圖。最上方是山、緊接著是台11線，右邊的
大房子，就是劉大哥自己住的地方，左側的小屋是母親
住的。大房子沿著地形向海延伸出荷花池、過濾池及大
草原。

造屋裝修預算表

項目	費用（元）
拆除工程	200,000
結構體工程	800,000
門窗工程	50,000
泥作工程	200,000
地壁磚工程	50,000
油漆工程	20,000
廚具設備	50,000
水電衛浴工程	140,000
木作工程	350,000
窗簾工程	10,000
清潔工程	30,000
景觀工程	300,000
工程總價	**2,200,000**

＊屋主自行規劃建築設計。

侯正祥設計的木造結構，是以集成材的大木結構為主架，搭上西式木桁架的概念。而客廳又混搭使用民間常用的穿斗式建築，是個混搭東西方工法的木造結構。

屏東佳冬

懷念
阿嬤的厝

our grandm

它實踐了對阿嬤的承諾與懷念；
它落實了生態、節能、減廢、健
康。老樹得以保留，空調得以省
略不裝，廢柴得以再利用，家族
得以再團聚。

屋主：侯叔叔
目前為公務員，興趣是聽音樂、賞鳥，擔任
生態導覽解說的義工。

屋主：侯正祥
服兵役中。嘉義大學林產科學系研究所肄業
後，曾於德豐木業擔任助理人員。興趣是樹
木、木材、木結構研究。

在此地居住：三代超過90年
溝通設計期間：2006年8月～2007年3月
動工（破土）儀式：2007年3月
基礎工程完工：2007年6月
木結構樑柱屋頂建置：2007年7月
建築主體、內裝、設施及基本機能完工：
2008年4月
屋外環境及各項工程收尾完成：2008年7月
完工年月：2008年7月
入厝儀式：2008年7月

建築物繞樹而建，使多年果樹得以保存下來。屋
簷下方對外的廊道平台，概念類似日本的緣側，
是這間房子最重要的對外連結元素。

聽侯叔叔與正祥說著蓋房子的故事，忍不住因感動紅了眼眶。這是一對叔侄為了懷念阿嬤，與親友們堅持蓋來的厝、是叔叔給侄子鍛鍊蓋屋機會的厝，也是聯繫全家族二十九人過年過節的厝。

1 綜合了集成樑與框組式構造的木屋型式，看起來較原木屋輕盈、又比傳統2×4框組式木屋來得穩重。可以看到門上方也開有呼吸窗。

2 地板抬升約100公分，可以讓木屋遠離地面的溼氣及蚊蟲（主要是防白蟻）。

屏東縣佳冬鄉的侯叔叔與家人，住的是已逝阿公蓋的客家式傳統建築，建築物不大、房間有限，無法容納逢年過節兄弟姐妹返鄉團圓與三個孩子各自成家所需的空間，侯叔叔也希望阿嬤可以換到比較舒適的新家去住，於是決定在房子旁的果樹林一處再蓋一棟房子，沒想到這個想法，後來竟然成為侄子侯正祥到目前為止最重大的人生課題……

從傳統水泥屋到綠建築
正祥雖然從小在桃園都市長大，但每年寒暑假機乎都在

3 屋頂的斜度是建築師考量形式比例去設計的，形式才是考慮採光與方位的結果。平面設計階段，為了與樹保持距離犧牲了浴室的空間，但當結構體完成後，覺得浴室還是太小了。在現場思考良久才想出這個改變設計的方法：將原來的牆面改成落地窗，用木牆平台把芒果樹包起來，同時延伸浴室視景，增加通風與採光，並將自然景觀融入浴室，同時加強套房內浴室的盥洗機能。從屋外看起來彷彿將芒果樹包容成建築的一部分。

1 樓梯主幹花旗松是FSC認證的永續木材，龍眼木是基地修枝下的產物，又是非常堅硬耐用、花紋美麗的木材，因修下的樹幹直徑都不超過20公分，兼且彎曲不易取材，故截短曲直、車成圓棍狀製成樓梯。

2 連扶手都結合了鐵件與原木的極簡美，扶手的鐵件與原木都是結構工程中剩下的短料剩料結合起來以求減廢的目的。

屏東鄉下度過，對鄉下阿嬤家有特別的感情。有次過年回來，放有侯家祖先牌位的三合院老家，因祖父輩分家產，蓋起新樓房、拆掉三合院的兩邊房舍，只剩中間的神廳跟前埕，這件事令當時還只是高中生的正祥感觸很深，正祥擔心是不是有一天阿嬤家也會面臨同樣的命運？

多年前叔叔有了增建房子的構想，愛好自然的正祥便因此常拿一些綠建築資料給叔叔參考，積極地為保留基地上大部分果樹想出各種方案。只可惜當時大家都認為這只是年輕人過於理想的想法，並不實際。這段時間，叔叔也找了當地幾家建商來看，大部分建商都說要砍掉那些果樹，最後找到一家願意保留部分果樹的輕鋼構廠商，設計上也能滿足需求，開始進入準備動工階段。

大學就讀林產科系的正祥，第一次參觀德豐木業就喜歡上了他們的木結構建築，選擇延畢後，經老師推薦進入實習。準備動工階段，正祥把叔叔找來德豐參觀，並且

與其董事長何建築師商談，進而促成了這個史無前例的計畫。「我發現正祥有這方面的天分與熱情，剛好我阿爸也是從事建築業的，我特別上香跟阿爸說，看能不能給正祥一個機會，希望透過這次的經驗，可以出現繼承父親衣缽的子孫。」十分重視教育與家族的叔叔說。

會談過程中，與德豐合作的莊建築師看上正祥的理想與熱情，主動表示願意從頭開始教導、並協助正祥完成這個計畫。在這樣的契機下，還是學生的侯正祥，他的人生第一間房子即將開始設計！

設計師、工班身兼老師角色

為了鼓勵正祥要有責任感，叔叔在自製的工程板上，寫著「學生實習建築樣品屋實作工程」。「當初我的想法是萬一沒蓋好的話，大不了就拆掉重蓋，畢竟這也是正祥的第一次經驗，

4,5 柴燒的洗澡水，洗起來特別舒服。印有 Made in Taiwan 磚砌窯，堆積如山的廢柴幾乎燒不完，窯上方的鍋爐運用柴火的熱能將水加熱，省下電與瓦斯費，冬天還可以成為取暖的壁爐。不過鐵爐的散熱很快，熱水保溫有限，燒完之後最好在三小時內洗完。

6,7,8 利用薄板立起的側面來支撐，一次兩片，支撐效果其實跟等寬的實木一樣，但成本降低許多。

1 屋簷的結構組合是側板樑、南方松防腐材 OBS 定向纖維板。

2 上柱好像只是輕輕刁著樑般的輕盈。

3 這是進門的第一個空間——半戶外的客廳。侯叔叔架設好的音響播放著古典歌劇，配音則是現場高分貝的蟬鳴與愉悅的鳥叫，形成有趣的組合。

成功與失敗的機率各佔一半是很正常的。」侯叔叔說，「從建築師、設計師到工班成員，我都請他們也扮演老師的角色。工班都由正祥自己去找，有些工班看他年紀輕，價格可能會報高，我也不以為意，就當作是學費吧！希望可以讓他從做中學。」於是，在自製工程板上的最後一欄寫著「實習學生：侯正祥等」，亦即以侯正祥為主、他的同學網友們為輔的實習小團隊。

房子基地避開大樹　與古厝對望

「這次建築案最大的轉變，關鍵就在於樹木的保留。房屋要蓋在原來老房子的右側，那裡可以說是一個小森林，都是茂密的果樹，有龍眼、芒果、楊桃、蓮霧、樟樹等。雖說傳統觀念裡，房子旁邊不宜有樹，但砍掉這些樹相

4 屋頂構造由上而下依序是瓦、瓦條、洩水條、防水毯、防水合板、OSB纖維板、屋樑＋空氣層、屋頂望板（企口板）。瓦跟屋頂板之間因為瓦條與洩水條的厚度，出現了不小的空隙，這個空隙容易成為麻雀的窩，然而一般工班都不予處理。但侯叔叔擔心蛇會爬進去，所以還是希望在不影響排水與通風的情況下，想辦法把它封起來。正祥最後是以裝潢用剩的洞洞鋁板封起處理。

5 這本《House Building》提供多種結構方案。木屋兼具美感及舒適性，建造也很實惠。

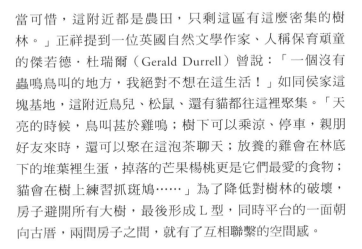

當可惜，這附近都是農田，只剩這區有這麼密集的樹林。」正祥提到一位英國自然文學作家、人稱保育頑童的傑若德‧杜瑞爾（Gerald Durrell）曾說：「一個沒有蟲鳴鳥叫的地方，我絕對不想在這生活！」如同侯家這塊基地，這附近鳥兒、松鼠、還有貓都往這裡聚集。「天亮的時候，鳥叫甚於雞鳴；樹下可以乘涼、停車，親朋好友來時，還可以聚在這泡茶聊天；放養的雞會在林底下的堆葉裡生蛋，掉落的芒果楊桃更是它們最愛的食物；貓會在樹上練習抓斑鳩……」為了降低對樹林的破壞，房子避開所有大樹，最後形成 L 型，同時平台的一面朝向古厝，兩間房子之間，就有了互相聯繫的空間感。

模型做七次，熟到每一根樑柱該放在哪都知道

也許受到侯叔叔的委託，設計師莊先生有意磨練侯正祥，「光是模型就做了七次，做了再修，圖也是畫了再退、退了再修。」侯正祥說，「因為我對所有結構瞭若指掌，什麼材料該放哪我都知道；但有時候因為元件複雜又都很類似，師傅難免會鋸錯，然而經費有限，材料我都估算剛剛好，做錯就沒了！所以我只好想辦法從其他地方移花接木改過來。」他們討論了許多問題，包括要讓阿嬤方便行走的動線；在炎熱的屏東地區，座向及採光要朝哪邊；要盡量繞過基地樹木；理想狀況是要讓房子不用裝設空調就維持既涼爽又乾燥，這在悶熱的屏東算是一大挑戰。

開工前，因阿嬤過世而放棄

終於，平面圖、模型、預算、工期都排好，準備動工的前夕，阿嬤卻突然過世了！傷心欲絕的叔叔，已經無心關照工程事宜，而同樣失去阿嬤的正祥，也不想跟叔叔提醒房子的事情，一切進度就這樣停擺了。

阿嬤過世百日後，正祥跟叔叔提起，「阿嬤是家裡的精神支柱，阿嬤走了家裡就失去凝聚力。如果能夠把厝蓋好，或許可以重新凝聚家族情感，這才是給阿嬤最好的紀念方式。」叔叔聽了，點頭答應繼續，所有設計都重新來過。於是在2007年3月，舉辦動工儀式，開工了！

修枝前，先安撫芒果樹

「正祥是個真正尊重自然的人，」侯叔叔說，「蓋房子之前，幾株芒果樹的分枝不得不修剪掉一些，在修枝日的前一個月，我看到正祥站在院子芒果樹林中間，拿著香對著樹說話。」

我忍不住問正祥，說了些什麼？「因為我相信大自然的生命都有它的能量意識，我們對自然環境要多一分尊重。這些樹比我早就在這落地生根，雖然我們要蓋房子，但還是可以跟它們和平共處，只是必須做大規模的修枝，這對它們也是種傷害，為了降低損傷，希望它們能回收自己的能量，因此我也選擇在入冬後才進行修枝，同時也感謝它們這些年來對我們家族的貢獻與庇蔭。」正祥發自內心的安撫著芒果樹。

正祥將阿嬤的座右銘「做人著翻,做雞著挵」(意思是人要腳踏實地做事)刻成字模黏在模板上,置於井邊的外牆上。其中一個字模不小心貼反了,卻讓人更加難忘。

說也神奇,拜完樹後就碰到阿嬤過世,修樹的計畫也因此延宕,但是隔年五月進入芒果樹的結果期,發生了一件怪事,老家附近的芒果樹開始結滿了果子,唯獨計畫中要被修枝的那幾株芒果樹一顆未結,彷彿真的聽見了正祥的祈禱,收斂著能量苦苦等待。兩年後當我們親自拜訪時,只見芒果樹重新綠意盎然充滿生機,紅潤碩大的芒果掛滿樹頭,並掉落一地。

名為「懷念阿嬤的厝」

經過德豐木業、大境設計、工班、同學們的通力合作,終於在2008年7月舉辦入厝儀式與感謝發表會。侯叔叔廣發邀請函宴請所有的參與者,上面印有「侯正祥學習建築啟造『懷念阿嬤的厝』舉行落成典禮暨成果發表感恩茶會」,相信阿嬤若天上有知,也會報以最慈祥的微笑吧!

如何實踐「不花大錢也可以綠建築」的目標？

高科技的節能產品對小資本的建築來說並不實際，更非綠建築的本意。其實節能的精神應該著重在設計與概念，我們的木屋不配空調系統，而是利用木材天然良好的隔熱保溫調濕性能，良好的通風設計、雙層屋頂、架高的地板，以及挑出延伸的屋簷設計，產生自然通風對流與遮蔭排水。

加上周圍大樹的保留，天然樹蔭更可使屋內溫度涼爽。木屋 L 型開放的設計，也可增加採光通風。

我們洗澡都燒柴，鄉下有取之不盡的枯枝落葉和農業廢棄物、每天燒都燒不完最後都被白蟻吃掉，而這些能源其實都是植物吸收太陽光來的生質能源，不會有石化燃料對環境造成的影響。自行搭建出柴窯，上面接上傳統柴爐，省下電熱與瓦斯的開支。

為什麼木屋的樑柱斷面幾乎都有一道直線切面？

這叫「背割」。為了讓木頭釋放出乾縮時的內應力，降低木材乾縮時的劈裂或扭曲變形，我們會幫每一根柱割出一條鋸路，直線最好能與年輪呈垂直，才有效果，否則還是會裂得很嚴重。

冷空氣低處流進、熱空氣高處流出
1、2 冷空氣從高低窗流來。
3 冷空氣也從地板和撐板之間的空隙流進來。
4 熱空氣從高處的屋簷氣窗流出來。

如何在找料、施工時就注重節能、減廢？

整間房子的柱子都是國產杉木做的，支承整個屋頂的圓柱，是碳化的國產杉木，柴房的磚也是選擇 Made in Taiwan，有部分還選擇傳統窯燒的清水磚，為的是就地取材、平衡市場的想法。在特性與價格綜合考量下，適才適用，省錢外還創造豐富的結構面貌。清水 RC 拆下的 200 片模板強度都還很好，我們廢物利用，做為之後地板的撐板，以及隔間牆的角材，以求達到減廢的目的。

屋頂瓦片選擇何種品牌？客廳亭子的屋頂為什麼沒有鋪滿？在鋪設屋瓦時要注意什麼？

我們訂的是三洲陶器瓦，屋瓦較為厚實、隔熱性佳。客廳的屋瓦主要鋪設在樑柱以內的範圍，以免發生承重過多的危險。鋪設屋瓦最重要的是確認轉角屋頂的交接面排水，最好在鋪好之後先倒水測試，水流向朝固定路線走表示沒問題，再以灰泥固定瓦片。

工程進行過程中，是否仍有需要改進之處？

最需要的是有系統的管理吧！我們的工班可能比較隨性。像是木屋結構需要用到的上萬支各種螺絲釘，我都計算剛好的料，花了一整天依照尺寸、用

途一支支分類好，搞到深夜兩點多才完成。隔天工班一來，因為工作習慣不同，很習慣地就把所有分好的螺絲釘倒在一起，那種打擊實在難忘，而且因為倒在一起的緣故，螺栓A型找不到就用螺栓B型，最後B型不夠我只好再去買，做完後那些找不到的又都跑了出來，所以就造成你現在看到有些地方螺栓太長凸出或顯然尺寸不合的遺憾。

你總共做了五次模型，做模型對工程有什麼幫助？

因為剛開始我畫圖速度很慢，莊老師教我用模型去發想，有時設計想不出來，也做模型，有時候模型做到一半又改了，只好重做。光是老家的房子，模型就做了五個，其他零零碎碎的模型更不計其數。後來我發現，做模型除有助於設計外，也助於施工。經過前面幾個模型製作的鍛鍊，我已掌握整個結構工程，開始負責設計細部接點與材料尺寸。在混亂的施工現場能清楚了解各個構建的位置與安裝順序，使得工程順利進行，降低損耗。

其實還有第六代模型，是為了最後確認我們在工廠加工的零件能無誤差地在現場組裝（因為基地離德豐有一段距離）。另外，莊老師常嫌我模型做得還不夠精準，所以我只好再做一個，這次我還特地用檜木做模型材料，所有的零件都做好了，可惜時間緊迫來不及在進場前組裝，為了這件事莊老師在開工前還跟我發了一次脾氣！

1 第一代全區模型，先了解新木屋與古厝要如何配置才能互動。
2 第二代全區模型，連樹的比例也放置進去。
3 第三代局部模型，著重在對結構的瞭解。
4 第四代全棟模型，木結構的確切組件都做出來，也將周邊的樹木比例植入。
5 第五代 Final 版，定調木構與清水混凝土的搭配。
6 照圖模型做得越細，就越不能失誤。

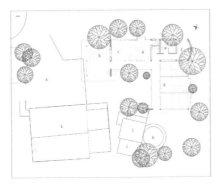
左下為古厝、右上L型為新建木屋。

House Data

懷念阿嬤的厝
地點：屏東縣佳冬鄉
建地：40坪
格局：客廳、和室（原孝親房）、主臥、迴廊、3間臥房、2間衛浴、燒柴房兼洗曬衣間、閣樓
房屋結構：RC＋大木構＋磚造

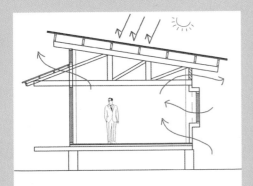
這是概念圖，可採光又遮陽的前廊、雙層斜屋頂、把氣流傳出去的閣樓開窗等。

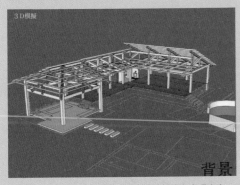
3D模擬
背景
透過平面延伸出來的3D圖，架高的地板沒有表現出來。

造屋裝修預算表

項目名稱	費用（元）
建築設計 *	250,000
整地工程	20,000
基礎工程	800,000
木結構工程	600,000
屋頂瓦工程	300,000
鋁門窗工程	300,000
泥作工程（包含磁磚鋪設）	150,000
油漆工程	200,000
水電衛浴工程	400,000
木作內裝門窗工程	800,000
景觀工程	60,000
家具家飾	60,000
雜項支出 **	300,000
正祥生活費（22個月）	220,000
工程總價	**4,460,000**

＊ 因為莊先生後來退出，最後只付了15萬。
＊＊ 參與造屋同學的雜支。

高雄旗山
日式養生
住宅

healthy house

透過改造，解決了房子採光不足、挑高過於壓迫、樓梯過於沈重的問題。同時新增了屋主理想中的私人泡湯及按摩池，以及女主人最喜愛的和風住宅。

屋主：藥師佛、如來
長期鑽研於佛學哲理、並運用於生活之中，喜愛園藝、賞景、到日本旅遊，過著樸實健康、心靈開放的生活。

取材時2009年7月：夫55歲、妻56歲、小孩三人
決定買下此屋：2006年6月
開始辦理蓋屋程序：2006年10月
施工年月：2006年12月
完工年月：2008年6月

新的樓梯改用鐵件組接，在鐵工廠切割好之後，
上面放集成實木做為階梯面，總重量輕巧承重
佳，樓梯的量體減輕，使挑高與透視感提高。左
上的衛接面則保持不變。

從西式庭園到日式禪風庭院、室內外的熱療按摩湯池，以及夫妻各自擁有的和室書房……夫妻倆所熱衷的休閒嗜好，幾乎可以在自宅中達成。邁入渴望的半退休階段，養生計畫從房子完工的那一刻正式啟動！

水塔被藏起來了，房子前方增加一間寬敞的日式風格平房，做為男女主人的書房及客房。

雖然夫妻倆都還是上班族，卻已經開始為退休或半退休的生活尋覓地點。位於旗山的這塊地，視野正對旗尾山、地形平坦，男主人已經注意許久，經過四次的法拍終於到手。

標到之後，開始面臨的第一個棘手問題，就是土地上面的老房子，是要拆除？或者改建？經過檢測，老房子除了天花板、牆壁有壁癌之外，大部分的樑柱都還算堅固，若選擇改建，對屋主可省下大筆拆除費、清運費與全部重蓋的龐大成本，最後便決定改建就好了。

before 4

before 5

1 在保留原有主結構的狀況下，一樓挑高的大門造型簡化、二樓的陽台打通連成一氣，原本的白色磁磚牆被漆上好幾道底漆與日本進口防水漆。

2 朝東的一面設計為西式庭院，規劃了健康步道、池塘與涼亭，草皮貼的是台北草，再種植小葉與大葉欖仁等樹型簡單好維護的樹種。

3 要讓建築與戶外產生密切關係，平台是容易到達的方式，沿著大門設計寬敞的木平台，成為一家人傍晚聊天的最佳角落，雖然會有蚊子，但大家好像都已經免疫了。

4 改造前的老屋外觀與周邊基地狀況。

5 房子朝西一側，每個窗戶都有多邊形陽台，屋頂本來有一座很明顯的水塔，基地前方有泳池。

6 門口的氣氛營造地就如同女主人心目中的現代日式住宅一般，樸實又具有生活質感。

只是，若依照原有的面積，勢必無法容納屋主希望有各自的書房、一兩間客房以及泡湯按摩池的需求，解決之道，是緊臨著原有主屋，再規劃出副屋，並且可以利用副屋做為建築與戶外造景之間的過渡及連結。

主屋：幫樓梯瘦身　讓採光加倍

原有的屋子雖然有挑高的大廳，但進門之後兩邊都是牆，視線被迫看向沈重的樓梯，等於左右與前方都充滿壓迫感。於是決定趁改造之際，將左右兩側的隔間牆拆除，不但視線可朝左右兩邊看，採光也進到大廳。原本混凝土塑造出的曲線樓梯，也換成鐵構件的樓梯，視覺上輕盈不少，讓挑高感更加舒服。

1, 2, 6 運用日式住宅常見的「緣側」空間概念，讓平房與庭院之間產生親切的聯繫，不論是家人或貓咪都喜歡待在這裡。

副屋：實現夢想中的和風住宅

被老公笑稱為「如來」的女主人，接觸過室內設計的領域，後來跑到日本待了兩年，深愛著日式的生活與居住方式。「我甚至有好幾件和服的ㄋㄟ！」尾音還是脫離不了日文腔的如來，是一位很質樸優雅的女士，「當我發現我的設計師在日本留學過，真的很開心，也許他能夠瞭解我想要的是什麼。」他們從新舊建築的風格搭配、動線的規劃以及建材選用聊起。

由於曾在日本生活，如來不僅希望新蓋的房子「看起來」像是日式住宅，也希望「住起來」真的有住在日本的感受。因此，大至空間比例、採光，小至建材、紙拉門的

before 5

3 日式庭院連石子與草皮之間的交界也處理成自然曲線形。

4 新的樓梯改用鐵件組接,在鐵工廠切割好之後,上面放集成實木做為階梯面,總重量輕巧承重佳,樓梯的量體減輕,使挑高與透視感提高。左上的銜接面則保持不變。

5 從大門進來之後的挑高空間及鋼筋混凝土做成的樓梯原始造型,天花板有漏水情形。樓梯下的空調送風口以十分突兀的方式安裝。

紙材選擇,都是經過仔細篩選而成。

挑戰:新舊界面與管線重拉

「其實重建比較容易,改建真的很複雜。」幫這間房子改造的設計師陳恥德回憶說,「新房子可以直接將管線插頭配置好就OK了,但是這間房子改建後,有些管線要更換位置,新管路與舊管路必須拉在一起,還有主屋與副屋的系統有些也會互相牽連,每條線最好都用筆標示線路名稱,才不至於一團亂。」整理好之後,將所有管線都整合到管線間,以利日後的維修。至於新建的副屋是輕鋼構,與原有的鋼筋混凝土主屋的銜接方式,也要注意避免發生漏水情形。

before 6

1 廚房走日式機能極簡風，因空間足夠，
所有的收納盡量控制在腰部以下的收納
櫃解決。中島區讓兒子、女兒也可以幫
忙挑菜或在一旁陪伴。

2,4 客廳與餐廳成為挑高空間的延伸。

3 兩側的開窗採光進到中間，挑高留白成
為空間、動線換氣的地方。

5 大門結構近照。特別訂製的細緻木格柵
夾有金屬紗網，可透氣又防蚊，相較於
嵌玻璃，紗網更能保持木門應有的樸素
質感。

6 從樓梯看往大門原本的樣子。大門兩側
有壓迫感甚重的挑高牆，光線只能透過
三道拱形窗與一樓的玻璃磚，進來的光
量有限。

7 將一樓封住的牆拆除，藉由採光整合公
共空間，左側是客廳、右側是餐廳與廚
房。上方的開窗加大，山景就像一幅隨
時間變化的大畫掛在二樓前方。

家的風景　常讓人感動不已

從設計到建築物、庭院等全部完工，時間花了整整一年，
卻是十分值得的。女主人覺得行走在家中，就像在賞景
一樣，沒事還會拿出單眼相機，很專業的拍著家中角落
的各處風景，尤其是當陽光透過木格柵，輕盈的灑在走
廊白牆上時，常讓她感動不已。

對男主人而言，他則仍有夢想要繼續進行。研究精神疾
病多年的男主人，未來希望能夠組成相關基金會，在鄰
近處再蓋一間房子，提供初期或輕微的精神病患接受自
然有機及佛學的療法。希望他也能早日完成這個計畫！

before 1

before 2

3

4

5

6

7

1　二樓空間原本屋況。

2　對著山景的陽台原況。

3　樓梯上來設為起居圖書室。扶手、欄杆都換成日式極簡的精工比例,線條也拉成方正。地板、門框與踢腳板都換成淺原木色系,開窗變小,導引視線要往山頭的一側看。

4　改造後,水泥牆大幅度降低,不鏽鋼處理的鍛鐵欄杆極細的線條,讓山景一覽無遺。

5　施工過程。副屋以輕鋼構工法銜接主建築。

6　湯屋按摩池的施工過程,磚造再塗上底漆、防水漆。

7　銜接左邊的原有建物與右邊的新建日式平房的廊道。天花板將板材立起,陽光隨著角度不同照射,讓廊道產生豐富的變化。

8　從走道中間點看新建的傳統日式空間設計，陽光灑進來，讓空間顯得溫暖而生活感十足，和風紙拉門可依照需求調整位置。

9　平房的區域界定出女主人書房、客房、走道、男主人書房，圖中是從女主人的書房看往男主人書房一景，房間右側上方牆面有呼吸孔，當作客房時，即使為了隱私而全都關起來，空氣還是可以對流。

10, 11　喜歡熱療的屋主，將湯屋規劃為室內、外泡湯區，室內的按摩池就分為三區，室外的露天泡湯池猶如日本民宿，晚上還可以觀星。

12　和風紙拉門營造出空間中的清靜禪意。

在主結構與日式泡湯區之間使用的隔間，是什麼樣的建材及工法？為何要用不同的方式來處理？

這是用在日式增建的隔間牆，是美國進口的水泥板。建築物的結構是鋼骨，內外牆面隔間先用這種美國進口的水泥板封住，然後裡面再填充輕質混凝土，就變成一道紮實的牆面了。台灣住宅一般是使用磚牆或輕隔間，較少用到這樣的工法。在這裡用作泡湯室與和室之間的隔間牆，必須完全阻隔溼氣才行，所以才會決定使用這個複雜度較高的工法。

如何避免水塔外露在頂樓？如何藏起來？

將原本的150公升大水塔，改成三個50公升的小水塔，兩個架在頂樓屋簷與牆壁之間的空隙之間，一個則放在地上，從外面都不會被看到。

原本貼磁磚的外牆使用什麼素材營造日式風格？如何改造？

如果將磁磚打掉，還要多支付龐大的拆除費用。於是決定保留磁磚，直接在上面上漆。首先使用日本稱為「下地處理」專用的修補劑為底漆，該產品為日本菊水化學工業的產品，名稱為カチコテSP，它有厚度、黏性，是使用於外壁的底漆，用來調整原有建築物外牆的表面凹凸，增加塗料附著力。底漆修補完畢之後，就用特殊工法來上石頭漆，這裡

使用的是立邦塗料的產品，原文為 Indyart Cera，台灣產品名為創意花紋漆，也就是一般說的石頭漆，可依不同的施工工具（鏝刀、噴槍、滾筒等）而呈現不一樣的裝飾效果。

日式平房朝庭院的一側，都是落地窗，在安全上有沒有什麼預防作法？

選擇都是白色的鐵捲門，並利用設計將鐵捲門藏在木牆框內，平常時候並不顯眼，需要時，裡面有控制鈕可按，就會自動降下，鐵捲門有開氣孔，即使關起來，也不會導致室內空氣太悶。

House Data

日式養生住宅
地點：高雄縣旗山鎮
敷地：900坪
建地：90坪
格局：玄關、客廳、起居室、餐廳廚房、主臥、小孩房、客房、
衛浴、晒衣間、儲物間、和室、日式庭園、車庫工具間
房屋結構：RC造二層＋鋼構日式平屋

專家

設計師　陳恥德
畢業於日本名城大學建築系及國立台南藝術大學建築藝術研
究所，回應日本與台灣工作生活經驗，作品風格強調回歸人
的本質，並尊重材料物性與空間特色。作品領域包含建築、
室內、家具、藝術展覽，曾參加第九屆威尼斯建築雙年展台
灣館展覽，並以「我們可以這樣生活」建築展獲得2008台灣
TID室內大獎。
聯絡：0933-724-880、tzutechen@gmail.com

營造商　章宜營造
甲級營造廠，主要施工實績為實踐大學旗山校區。
聯絡：高雄縣旗山鎮旗甲路一段206巷22弄3號
　　　07-6622610

造屋裝修預算表

項目	費用（元）
整地工程	600,000
結構體工程	1,100,000
門窗工程	1,200,000
泥作工程（含外牆整修）	1,500,000
油漆工程	500,000
木作工程（含木地板）	3,500,000
工程總價	8,400,000

樹型優雅、有遮蔽性、不易掉葉的土肉桂，算是庭
院的主樹之一，再過五到十年就會長到兩層樓高。

高雄市
綠意的家
family of green ville

買了地，先種樹、先綠化，再決定房子位置、再來蓋房子。即使位於市區，徐家人還是享受著被綠意盎然所包圍的幸福！

屋主：徐先生、王小姐
現任教師及家庭主婦。喜愛大自然、尊重土地與植物的生命權，喜好園藝及園藝造景DIY。

取材時2009年6月：夫52歲、妻46歲、大兒子18歲、小女兒10歲
結婚：1989年2月
孩子出生：1990年11月、1999年1月
決定買地：2005年7月
開始辦理購地蓋屋程序：2005年9月，仲介手續費10萬元
施工年月：2006年12月
完工年月：2008年12月

綠意盎然的徐宅，在尚未蓋滿的重
劃區裡顯得格外充滿生命力。

在自家庭院，孩子可以和同學們赤腳在柔軟的地毯草上奔跑嬉戲，他們可以用植物的開花、結果與蒂落，來認識大自然生命的循環、學習對生命的尊重。夫妻倆可以在寬闊的平台上，招待朋友享受下午茶，這裡，是都市水泥森林中的綠房子！

在一大片的重劃區中，這是一間罕見、被清爽的綠意包圍的房子，一間只要路過就會有好心情的房子。

拜訪當天，小朋友去上學、徐先生去上班，老婆王小姐親切的招呼我們進屋，庭院中偌大的樟樹、光蠟樹、蒲葵和土肉桂，與懸掛在樹葉上的十幾個小蜂窩，以及覆蓋滿滿的「地毯草」草皮，讓人不敢相信他們才剛搬來這裡，原來，是有撇步的喔！

1 為了讓圍牆與建築物產生關連，以造型鋼骨做出L型連結，植物也能攀爬其上，最終將成為庭院的綠色小徑。

2 由於地面抬升的關係，到家門口前會先走幾段階梯，是進門前專屬的家的記憶。

3 雖然可以更往外蓋出去，但是寧可往內縮，轉為半戶外的木平台步道，讓餐廳的兩邊都有戶外通道，吃飯時，落地窗大開，很涼爽。

4,5 連接餐廳的寬敞木平台，即便是親朋好友十多人的聚會也不會擁擠，平台邊緣的寬度還可以坐下聊天。平台上方的藤蔓由徐先生親自製作，美觀且具有遮蔭效果。

剛買地就先種植物　再蓋房子

原來，在決定要買這塊地的同時，徐先生就已經到處涉獵各式各樣的植物了。他規劃出大片的庭院空間，將植栽依照方位來種植。

例如西晒面就種植比較茂密的闊葉樹種以及性喜強光日晒的使君子，並架設棚架讓藤蔓類植物攀爬，整個西向的落地窗就會十分涼爽。而在車庫旁也規劃一個小菜園，不定期播種，可以吃到沒有農藥、免費又有機的蔬果。

寧可室內退縮　也要有半戶外空間

建地有一定的容積率限制，屋簷也不得超過建坪範圍，依照一般觀點，當然是盡量往外建、室內坪數越大越好，然而王小姐卻要求牆面往內縮，讓屋簷邊緣線與外牆之間產生一段頗寬敞的木平台，成為有陽光、涼風吹拂的半戶外空間。由於平台寬敞，不論是全家人在這邊休憩，或者是在這裡使用筆電工作，都十分舒適。

1 為了避免狗狗腳癢、扒樹旁邊的土，將沒用到的園藝資材插在莖旁邊。

2 從車庫進來後的庭院一景。左側為種菜區，還特別找來蔬果培養土放置。

3 閥式基礎的小型地下倉庫也有透氣口，開在庭院與平台的交界處。

4 不見任何雜物的主臥。喜歡整齊清潔的女主人，將所有物品都收納到衣櫃裡。床頭兩側的開窗增加房間採光，必要時可以拉下遮光簾。

5 還在唸國小的小女孩房間，採樓中樓設計，每次同學來就待在上樓層的小世界玩遊戲。房間多用現成櫃體收納。

6 在紋路明顯的木平台上的使君子花瓣以及正在冒嫩葉的雞蛋花。這樣的愜意小景在庭院、平台隨處可見。

參考國外住宅平面圖　活用 built-in 概念

「我不想做太多木作、太多裝潢，因此在蓋房子的同時，就要把收納設想進去。」王小姐說，「我買了國外的室內設計書，像是《Small House》，仔細研究他們的平面圖，發現他們透過結構本身來設計收納，也就是 built-in 的概念。例如，利用隔間牆的轉折處，你只要內凹一層，就可以自成一個小收納櫃。」雖然泥作師傅會嫌麻煩，但真的讓日後的木作大大減低呢！

7　玄關櫃都設計成可以透氣的百葉櫃門片。

8　開闊簡單的客廳，地板鋪上顏色多變的西班牙進口窯燒磚，踩起來很舒服。

9　閣樓用原木營造休閒小木屋的感覺，進來的走道地板使用白色抿石子，搭配透光的玻璃磚牆。

10　階梯面也貼上窯燒陶磚，具有止滑、調節腳底溼氣的功能。

11　利用格局產生的畸零空間而設置的內建收納櫃，蓋起來的時候很難察覺到櫃體的存在。

12　在綁筋灌漿的時候，就已經把櫃子的空間也做進去的built-in內建式收納，在國外其實很流行，這樣可以減少木作的花費，櫃體又不會突出來佔據空間，是王小姐研究國外平面圖的心得。

13　利用樓梯下的空間，做水平式的外拉衣架，高度剛好吻合小女孩的身高。

14　外牆先鋪上防水布、再塗上防水瓷漆，顆粒狀的手感牆讓房子看起來頗有人味。

蓋好一層才發現比想像中小

雖然討論很仔細，所有的機能都已經設計進去，但是從圖面看跟實際還是有一段差異。就在一切都已經底定、地基建好、接著一樓蓋好的時候，徐先生突然驚覺客廳沒有想像中大！「我先生覺得客廳太小了，但是樓層已經蓋下去了，故只能增挖新的地基，工程進度因此而延宕二個月呢！」王小姐說，「建議大家以後都要現場放樣，拿條繩子將實際的面積擺在地上，這樣去看空間才會準確。」

1 每個窗戶都裝上寬度約12公分左右的厚實雨遮，避免雨水滲到牆上造成壁癌。外突的窗台是為了比例上的美感，也可以放置小植物。

2 西晒的牆面架了交叉式格柵、往上延伸成為繩網，都是徐先生自行DIY製成，種上屬於藤蔓類的七星蔓藤、非洲茉莉和紫藤，花期到的時候將百花綻放。

3 排水溝架下面墊紗網，可避免水溝裡面的蟑螂蚊蟲跑進來。

4 洗衣間刻意擺在半戶外空間，可以讓溼氣直接散發到戶外。而工班一開始以為這是室內，因此地層高度是與室內的工作間拉齊的。

5 即使是與鄰居交界的圍牆，設計師也不忘做些線條切割，讓水泥牆不至於太過單調。

6, 7 所有風格不搭、有礙觀瞻的電器、水塔、瓦斯桶，全部藏在房子背面的頂樓。

花一年討論設計　可別敗在監工

常常，屋主與設計師充滿憧憬的討論著，但到了圖面要化為實際施工、尤其屋主自行找營造商時，監工更是十分必要的。「我們的營造商是來自台南，只好外發給高雄工班，該工班師傅做了幾十年，通常不太看圖，只照著預設做法進行，這樣常要花更多時間收尾修改。」王小姐表示，「像是我們把洗衣間規劃為半戶外，他們則預設洗衣間是屬於室內，因此地板的高程就會與室內齊高，後來我們發現了才及時降低樓板。」幸好營造商都能立刻改善，甚至後來派直屬工班從台南到高雄駐地施作，使工程得以繼續順利進行。

人應該住在有綠意的空間

從原本的連棟透天厝，搬到這處擁有自家庭園的房子，「即使是在都市，透過這片庭院，我對土地更加尊重了，感謝它透過這一小塊地，讓我們的生活更有調劑，」王小姐說，「放假也不想出門，光是在庭院閒晃就很開心。人人都應該住在有陽光、有植物與可以赤足踏在草地的地方，才能真正感受到生活的喜悅吧！」

東向立面圖　　　　　　　　西向立面圖　　　　　　　　南向立面圖

庭院排水口設置的密度頗高，有何用意？

以前的家大停車場只有一個排水孔、而且是平的，
每次下雨庭院就變得泥濘不堪，總之是有點嚇到
了，這次特別注意庭院排水。在庭院洩水行經路
徑，每隔一、兩公尺就設一個排水孔，為了避免落
葉塞住，我們用卵石或蓋房子剩下的磚把排水孔圍
住，現在下雨都不用擔心，水很快就排光！

車庫不同於常見的水泥地板＋壓克力車棚，可否簡
單說明？

車庫使用植草式鋪法，不但可以讓草從細縫中生
長，也有助於排水。棚架是徐先生自行搭建，打算
引導藤蔓往上攀爬，達到自然遮陽的效果。

透過這次的造屋經驗，覺得什麼地方要改進的？

我覺得室內空間還是太大了，光是一樓就有34坪，
三層樓加起來近百坪，維護清潔上還滿辛苦的（苦
笑）。再來就是希望每個窗戶都有氣窗設計、房間
也要有透氣孔，就算是窗戶關起來，仍然可有新鮮
空氣流入。原本是要利用管道間做為抽風馬達的通
氣口，不過施工的時候沒有先叮嚀工班，結果來不
及。

北向立面圖

House Data

Family of Green Gables

地點：高雄市

敷地：125.7坪

建地：89.51坪

格局：一樓為玄關、客廳、孝親房、儲藏室、工作室、廚房、餐廳、衛浴；二樓為小孩房（樓中樓）×2、主臥室、書房、大衛浴；三樓為客房、衛浴、設備陽台

房屋結構：鋼筋混凝土

專家

設計師　葳娜空間美學 戴均歷

蘭陽技術學院建築科系畢。山水景觀工程股份有限公司、陳耀如建築師事務所。

聯絡：0973-169-679、tai.chunli.1969@gmail.com

營造商　盛田營造有限公司

聯絡：台南市府連路364號5F-1　06-2004238

造屋裝修預算表

項目	費用（元）
建築設計（含外牆建材及磁磚鋪設計畫）	250,000
整地及雜項工程	200,000
結構體工程	2,920,000
門窗工程	600,000
泥作工程	1,300,000
地壁磚工程	580,000
油漆工程（含外牆）	760,000
廚具設備	240,000
水電衛浴工程	630,000
衛浴設備	150,000
空調工程	240,000
木作工程	400,000
窗簾工程	約20,000
清潔工程	20,000
工程總價	**8,310,000**

視野及採光都很充裕的客廳，下方有長形通風
孔，製造十分有效的空氣對流。沙發是在建造時
就一起用水泥灌起，後方的主牆就是鄰居的外
牆，沒再多做處理。

嘉義市

三面貼屋
狹小住宅
正解是?!
smart & fit

利用基地的缺點轉化為優勢,空
間視野藉由內中庭及立體開窗向
內游動,自成一景。

屋主:王先生
工程師,喜歡園藝造景、建築風格,記錄自己
的蓋屋部落格「建屋之路」。
聯絡:tw.myblog.yahoo.com/soho-wang

取材時 2009 年 6 月:夫 41 歲、妻 38 歲、女
兒 6 歲
結婚:2003 年
孩子出生:2003 年
開始找地:2006 年 10 月
辦理買地蓋屋程序:2007 年 1 月
找設計師:2007 年 4 月
設計時間:2007 年 4 月〜11 月
施工年月:2007 年 12 月
完工年月:2008 年 12 月

單純、靜謐的內中庭，是被三面包抄的狹小住宅
視覺上唯一可以喘息的刻意留白。右邊的樓梯是
通往二樓的唯一階梯。

1　房子的南向藉由開幾道小窗窺視外界的動靜。從巷口進來的車燈，照在構成菱形的透氣孔上，會投影到室內。

2　從北向看王宅，低調不突兀，卻又有個性，只有眼尖的人才會發現它若隱若現的存在著。

面積小、環境槽、預算低，是這塊基地的三大挑戰。「一塊基地的正解永遠只有一個。」設計師徐純一強調，每塊基地都有它的屬性、限制因子和屋主需求，對症下藥解決基地問題，就能夠找到答案。

三年前，王先生買下一塊僅30坪、位於嘉義市區巷弄內的建地。基地左、右、後方三面都被鄰近房子緊貼，形成ㄇ字型包圍的局面，而唯一能讓視線稍微延伸的，應該是面對巷子的一面，不過景色也十分雜亂、毫無美感。

王先生為了找到恰當又優質的設計師，特別跑去高雄阿蓮鄉、尋訪由徐純一老師設計的鄭宅，讓他十分意外的是，正準備離開時，竟然在鄭宅門口巧遇徐老師。雖然第一次碰面的時間非常倉促，但是王先生回去之後，十分積極地與徐老師連絡。最後經過幾番討論之後，徐老師決定接下這個高難度的狹小住宅挑戰。

1　從中庭往上看，藍天的框景，勝過建物四周嘈雜的景觀。

2　樓梯採用平價建材，包括角木、沖孔板及方型鋼管。這些建材經過設計，還是可以創造優雅的採光效果。

3　一樓通往廚房的入口，左側是階梯與木平台。

4　從三樓往中庭看，左側的牆就是鄰居的牆。為求安心，屋主要求架斜向樑，避免結構出狀況。

5　視野及採光都很充裕的客廳，下方有長形通風孔，製造十分有效的空氣對流。沙發是在建造時就一起用水泥灌起，後方的主牆就是鄰居的外牆，沒再多做處理。

6,7　從窗戶（戲稱窺孔）看巷口，可以知道哪位鄰居回來了、哪位親戚要來拜訪。

嘈雜卻緊密的社區　適合「開放式自閉」

「這基地太小了，四邊景觀都不好，最後只能往內、往旁、往上看了。」徐老師指著模型，建築三面都將是厚實而高聳的牆，兩面是自己蓋的、一面是鄰居的，他說，「不過這個社區互動性很高，我不希望屋主和左鄰右舍是完全斷絕的，所以開鑿了一些開窗與開孔。」他在面對巷口的三樓一側，開了三角窗，該窗就像潛水艇的窺孔，對準巷口的視線，可以看到機車、腳踏車來來去去；而在客廳則開了許多小圓孔，小圓孔組合成菱形的形狀，當夜間有汽車開進巷子時，車燈會投影在牆上。這就像是人有時想暫時自我封閉，卻又想留下一個管道與外界聯繫一樣，是謂「開放式自閉」。

外無美景、往內找景

也許是看了一百多集日本節目《全能住宅改造王》之後，
王先生對於只要有助於採光及通風的想法都很歡迎。他
願意在僅有的30坪地坪中，再讓出5坪做為內中庭，是
非凡的抉擇，但也是最正確的抉擇。因為房子裡的每個
房間都依賴著灑進天井的陽光，也因為光影的變化，天
光、藍天便自成一景，坐在家裡看光影變化，遠勝過開
窗看到房子背面的冷氣機。

包圍著內中庭的牆面開窗，沒有一個是正經八百的，要
不就是立體的梯形、要不就是矮而長的開窗、要不就是
小方窗。「一開始都設計為落地窗，後來發現可能會太
無聊，怎麼看都一樣。」徐老師說，「後來決定要改為
各種小開窗，引導不同的視線，就不容易看膩。」

1 一樓的廚房，水泥中島在流理台對
　面。廚房也有透氣孔，可以將油煙與
　異味更快速排掉。

2 窗戶之間的大小、尺寸都不同，光是
　看哪些人經過窗戶就很有趣。

3 書房位於反樑客廳的上方，因此書房
　四周的地形是高起而包住的，鋪上
　便宜的木夾板讓空間調性較為柔軟。
　陽光透過百葉打在牆上，令人心曠神
　怡。衣櫃也是訂做。

4 中庭階梯式平台鋪陳出居家生活戶
　外式的休閒空間，也是夏日午後小憩
　的地方。

從客廳看樓梯再透過窗戶看到對面，不太容易察覺空間只有30坪。地上鋪上小磁磚，讓空間看起來有放大效果。

沙發、中島　灌漿成型更省錢

在買完地之後，王先生剩下的預算頗為吃緊，徐老師在確認沙發與中島的位置之後，與建築結構一起綁筋、再灌漿一體成型，沙發只要再訂做墊子與抱枕即可，窗戶用比氣密窗平價的鋁框窗及活動式鋁百葉。而緊臨鄰居建築物的一側就不再做牆，省了好幾道牆的費用。再者，書房及臥室使用便宜的夾板當地板，其餘的木作量減到最低，總樓板面積接近56坪、室內裝潢總計僅25萬。

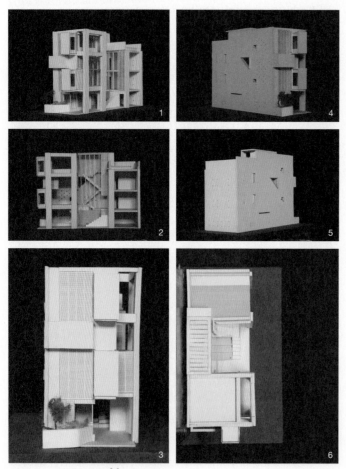

1 這個角度可以看到房子朝東正面凸出的小室。北向（右側）一面，在現況基地中，其實是被鄰居建築的牆面完全封住的。

2 把鄰居的房子想像成透明的，穿過鄰居牆，你看到的王宅就會是這樣。內中庭帶出兩邊的房間，不過，模型的落地窗已經更改。

3 房子正面為東向，也是陽光進入最多的角度，設計凸出的小室，擷取更多的陽光，又不用直接面對街屋。

4 左側是房子的南向，藉由開幾道小窗，窺視外界的動靜。從巷口進來的車燈，照在構成菱形的透氣孔上，會投影到室內。

5 房子背面緊臨別人家房子的背面，由於非常雜亂破舊，還是封起來開小孔就好了！

6 從模型正上方鳥瞰。前段客廳的右方也有局部小天井。

7 屋主王先生特別依照房屋外型請鐵工製作房子款的信箱。

8 夜晚，從巷口看王宅。

夏天很涼、冬天會冷　可再調整

徐老師設計的住宅，都是以綠建築的概念去思考，採光、通風是最基本原則，王宅同樣也有大量的透氣孔，不過，在王先生住進去的第一個星期，正好是 2009 年 1 月，嘉義的冬天向來寒冷，沙發下的長條型開孔會有冷風灌進來，最後王先生請人訂做尺寸一樣的 PC 板將它蓋住、並封住臥室的兩處通風孔，才稍微解決寒冷的感覺。不過夏天就很涼爽，熱氣流很迅速地從最上方的開孔排出。因此，在設計開孔時，若能將開關一併設計，日後或許就可以成功調節所需的通風程度。

右圖：設計師徐純一畫在日曆本上的平面圖手稿。每個空間拼圖都在最對的位置、最剛好的面積。右邊是一樓平面，階梯在室外中庭，一樓室內自成一格。車庫旁是長輩房，走道旁附設衛浴，再來就通往廚房餐廳。二樓平面可看到銜接的樓梯通往室內後，右轉是臥室、左轉再上幾階就是客廳。

基地原況

1 從基地望向馬路。左右有房子，8公尺寬的馬路對面也是一整排無觀景價值的街屋。

2 從馬路看30坪狹小基地。左右有房子、底部緊臨著無觀景價值的房子背面。

施工摘要

1 灌漿前預留窗口。

2 在灌漿前用鐵管預留透氣孔。

3 管線在紮筋之前先鋪設好，右側可看到紮筋有勾緊。

4 頂樓使用反樑結構，右側為樓梯上方加裝的鋁框玻璃採光罩。

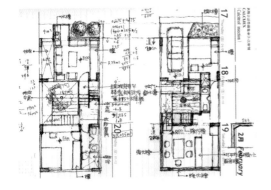

House Data

地點：嘉義市
建地：30坪
總樓地板面積：56坪
格局：一樓為車庫、廚房、餐廳、內庭院、木平台、衛浴、長輩房；
二樓為臥房、客廳；三樓為臥房；四樓為書房、露台
房屋結構：鋼筋混凝土

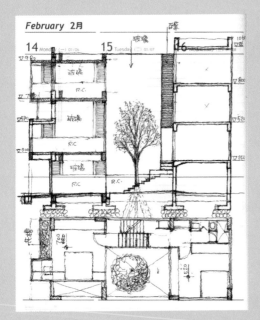

設計師徐純一畫在日曆本上的剖面圖手稿。注意看，二樓客廳為了挑高，將樑改為反樑，造成三樓的書房地面有樑突出，以鳥巢的意境去設計書房，冬天時這裡也是最溫暖的地方。

專家

設計師　徐純一
參與者　呂致遠
徐純一，現任 i² 建築研究室主持人，他的設計基本原則是，必須探討整體環境、基地現況、座向、氣候等現實條件，而採光、通風更是納入設計內容裡，非常綠建築。以綠建築概念為前提，為屋主設計乾爽明亮的住宅。
聯絡：0919-045-773、studio@1-archi.com

造屋裝修預算表

項目	費用（元）
建築本體	3,750,000
水電工程	250,000
空調工程	30,000
室內裝潢	250,000
內外景觀	50,000
管理費＋規費＋稅金 *	610,000
工程總價 **	**4,940,000**

* 工地主任＋空污＋使用執照＋合約。
＊＊ 不含設計費、家具、廚具及家電費用。

蘿蔔坑小屋與溫室緊密相連，多搭出來的棚子用來停放車子，就算雨天從車上搬東西下來也不怕淋到雨了。

南投埔里
種瓜路上
way to green

打了 152 公尺深才得到水源、運用怪手整地開挖地基除草,利用生態配置諸多植物樹種,蘿蔔坑終於從裸地到現在的綠意盎然。

屋主:許亞儒
現任公務員,興趣為拈花惹草、自然觀察。經營有網路新聞台「從零開始:一塊土地的生命之歌」(http://蘿蔔坑.tw),持續記錄在蘿蔔坑的生態點滴,並著有《種瓜路11之10:上班族的幸福實踐力》一書。

取材時 2009 年 6 月:夫 43 歲、妻 41 歲、大女兒 9 歲、小女兒 7 歲
結婚:1998 年 5 月
孩子出生:2000 年 4 月、2002 年 4 月
決定買地:2003 年 5 月
開始辦理購地蓋屋程序:2003 年 5 月,仲介手續費 5 萬元
施工年月:2003 年 10 月
完工年月:2005 年 2 月
(從接水、接電開始,的確需時許久)

挑高6公尺的小屋內部分為三種高度，一樓廚房、吧台、寫功課的地方；二樓的一半是小朋友玩電腦的地方；二樓的另外一半再拉高四階，成為通鋪、也就是睡覺的地方。

妹妹的生日要種百鈴花，全家一起幫忙進行前置的挖土作業，再由妹妹把植株種下去。

「住在森林裡的確是件美好的事，可是當挖土機推倒樹木、道路開進森林、夢幻木屋拔地而起時，人類扮演的其實是破壞者與入侵者的角色，儘管他的出發點是因喜愛這片森林。」許亞儒說，「我寧可買已被人類過度開發、生機趨近於零的蘿蔔田。如果我想要有片森林，那就由一顆種子開始種起吧。」每每讀到這句話，總是讓我感動不已。

老實說，在聽到許亞儒蓋房子的故事前，我從沒想過這樣的做法。圓夢蓋房子，不就是去找一塊美地，然後住進去嗎？

直到寶瓶出版社邀請我為許亞儒的書《種瓜路11之10》掛名推薦，我讀完後才發現原來有人這樣玩，而這樣的做法雖然辛苦，卻絕對值得一而再、再而三推廣的！

人類應對土地產生正面影響
大地就像人類的皮膚一樣，上面會覆蓋一層表皮層，也就是花草與樹木。

1　購得蘿蔔坑這塊地時，蘿蔔收成時的裸露模樣，就像永不能癒合的傷口持續暴露在外一樣。

2　蘿蔔坑的第一株椰棗種子發芽，主根拱起、第一片葉子由根側冒出頭來。

3　相思樹的小苗，它的葉子其實是葉柄膨大的假葉。

4　停在鳳凰樹幼苗上的小天牛的可愛模樣。

5　超可愛～剛孵化出來的黃斑椿若蟲！

6　美麗的黑翅蟬交配中。

7　在打開怪手前要先接上電源線，使用完畢就要拔掉才不會漏電。

8　運用生態工法砌成的砌石擋土牆與砌石階梯，能排水會呼吸，可以堆積土壤，讓植物與小動物在其中生長。

9　用怪手開挖、用力夯實N次、沒有鋪防水布的生態池，終於不會再漏水了。圖中妹妹正在生態池旁打撈過多的藻類。

10　棕三趾鶉在這裡築巢產卵了。

許亞儒剛買下的蘿蔔坑這塊地，沒有草與樹木的保護，卻還為了讓蘿蔔生長而一週灑兩次農藥；就像人體的傷口始終不讓癒合，還不時地在上面塗碘酒與抗生素一樣。「我想選旱地，讓樹、草長回來，我希望能夠讓一塊地恢復生機，不希望因我的進入而讓某塊地產生負面的影響。」許亞儒談起當時之所以會開始找地的原因，「出社會工作兩年之後就一直渴望買地了，但都沒有真的實踐。引爆點是，陽台已經裝不下所有的樹木、連鳥都在上面築巢了，不得不為它們找新家。」

水源問題迫在眉睫

買了蘿蔔坑這塊地、幫植物搬家後，發現水源的供應是一大問題。這裡太陽很大、旱地又沒有保水機制，植物很容易渴死，每次從山下上來都要用各種容器裝水，一一澆灌，頗為辛苦。

原本想跟鄰居引水使用，但鄰居龐大的家族意見各異，為免家族日後人多嘴雜，許亞儒最後決定自行打井。但由於蘿蔔坑屬旱地，水電行老闆建議他先找鑿井師勘查，「他們說我這塊地的位置靠近稜線，找不到山溝，恐怕要打上幾百尺才可能有水。」經打聽，鑿井的費用一尺（0.3公尺）800元，最後，許亞儒花了40萬元、也就是鑿了500尺的深度，才得到「生命之泉」。

中古怪手成為最佳幫手

許亞儒的地將近一甲，約3000坪，不論徒手除草或找人定期維護都不划算。許亞儒打聽到鑿井公司運來的怪手在這次工程結束後，就要送進廢鐵廠，表達誠意後，用老闆開的七萬元欣然買下，再勤練多次之後，終於學會駕馭怪手。「怪手除入侵藤蔓很方便，像是小花蔓澤蘭，怪手只要輕輕一勾就連根拔起。怪手也可以開步道，輾壓過的通行路徑都可以撐上數個月。」許亞儒也利用怪手親自開挖工寮地基，不過怪手年紀太大，之後陸續花了四、五萬維修費，可能再過一、兩年，就要再換新的怪手了。

申請農業設施蓋工寮

蓋農舍要等兩年，為了要在這塊旱地有個小憩、上廁所、吃點東西的地方，於是先申請蓋「育苗室」，申請育苗室就可以附帶蓋一間小小的「工作室」。育苗室使用規格化的組件構成，而工作室則配合育苗室寬度，設計出

1　山刺番荔枝，又名羅李亮果，是在同事家吃到的時候，把種子帶回來播種的。在這天然的環境也可以長得很大顆，許亞儒形容它的口感像是釋迦與菠蘿蜜的混合。

2　溫室的屋頂，是由固定的透明塑膠布，搭配可張開的黑網（遮光網），可依照需求調整陽光輻射進到溫室的量。

3 黃金風鈴木，開花期在3月，大女兒在4月出生，許亞儒特別在家門外的路上找到風鈴木的果莢，帶到蘿蔔坑種，成為大女兒的生日樹。

4 而妹妹的生日樹百鈴花，也在2009年4月，在姊姊的幫忙下，正式由妹妹親手種下！

5 蘿蔔坑小屋最棒的風景之一，就是環繞著埔里盆地的山脈。

6 地很大，小徑要常走或開車壓過，才不會被雜草「湮滅證據」。

7 米白色外牆是日本進口的金屬板材，鋁殼內包覆保溫棉，三片一個單位，層層疊覆，很有老式日本木屋的感覺，是許亞儒挑選許久的板材。由於是罕見板材，師傅要重新研究搭建工法，收邊方法也要自行發想。

8 特別在屋頂加裝的老虎窗，為外觀造型與室內採光加分，不過鋼構屋頂開的這道斜面，卻也造成漏水，讓師傅抓漏好幾次才解決。

1 購入花七萬，維修費至今已超過五萬的老怪手，是許亞儒整地、除雜草、開路的最佳幫手，英姿煥發的模樣連小孩也喜歡學老爸開怪手了。

2 在房子轉角處盛開的黃蝴蝶。類似這樣的驚喜經常發生在蘿蔔坑小屋四周。

3,4 小屋南側搭建的花架，在靠窗1公尺處用遮陽板，可以降低陽光晒進窗戶的輻射熱、下雨時也可防止雨水潑進來。

5 薛荔慢慢地在白牆上作畫。金屬板材的白牆不像混凝土牆怕鑽。

約6×4公尺、建地7坪、挑高6米的小屋。而在申請的同時，就先以不用水泥的乾砌工法築出1公尺高的駁坎，填出100坪左右的平台，經過數月雨水陽光，雜草再度重生，成為堅實的地基。

用心設計　也要花時間監工

即使是工寮，也希望造型能注重美觀，特別在屋頂設計的老虎窗，不但增加採光，造型也變得像小別墅一般，只是事後的漏水問題，又花了不少心思克服。外殼完工之後申請使用執照，兩週之後便核發下來，接著開始內部的裝潢。為營造日式小木屋感，樑柱及天花板要用木板包覆、搭配矽酸鈣板白牆。然而，稍不留意，工班為求簡單，樑柱差點被漆成白色，好在許亞儒堅持才得以保住。

閣樓的地板，使用裝潢師傅大力推薦的拼接式地板，完工後，從一樓往上看，天花板是平的，但從閣樓看，木板與木板之間都有凹槽，造成清理上的麻煩，後來才知道，原來師傅裝反了，讓許亞儒無言。「裝潢最好要有設計圖、3D圖，工班要照圖施工，千萬不要邊做邊談、口說無憑，這是我這次學到的經驗。」

紅土鏝刀抹出的防滲漏生態池

一般建造池塘，通常會鋪塑膠布或灌水泥，但對許亞儒而言都不夠理想。「水泥雖然省時省工，但植物和青蛙不喜歡，螢火蟲也不會來。」許亞儒說，「表面上看似生態池，底下卻埋了萬年大垃圾，而且塑膠布切斷了地底與外界的聯繫，水無法流回地下，完全失去調節逕流的功能，不夠生態。」

但是，只有土壤的生態池，要避免水流光將是一大難題，一開始先用怪手丟大石頭到池底夯實，可是要撈起時又會在池底扒出鬆溝。最後只好用人工，將基地原有的紅土浸溼夯實於池底、池壁，重複多次、用力踩踏，池壁則使用鏝刀來回抹平壓實，接著再注入微量的活水。終於，水生植物慢慢長大、移植來的鬥魚也繁殖後代，甚至有蜻蜓在這裡產卵了！

蘿蔔坑將繼續說故事給孩子聽

說到這，故事才正要開始，接下來，由每一株植物去說。蘿蔔坑的故事成員，除了男女主人，還有植物、魚類、昆蟲、鳥類，以及許亞儒的四、五位高績效團隊夥伴們，姊姊有黃金風鈴木當生日樹、妹妹則有自己種的百鈴花，伴隨著兩個孩子的成長，你可以到許亞儒的新聞台，每隔一陣子就有逗趣又充實的故事可以欣賞！

1 挑高6公尺的小屋內部分為三層，圖中為第一層的廚房、吧台及
衛浴，以及第二層小朋友玩電腦的地方。

2 女主人利用樓梯空間的收納構想。原本設計成階梯上掀式，結果
做錯了，只好改成抽屜式。

3 活用第二層與第三層樓梯之間高差的空間，多出了收納衣物棉被
的大櫃子。

4 屋頂突出的老虎窗，雖然經歷了漏水的困境，但它的存在，為室
內與外觀都帶來許多樂趣。姊妹們很喜歡爬階梯去看窗外誰來了
的遊戲。

5 第三層高度為睡覺的地方，地上的木地板釘反了，溝槽應該朝下、
做為隱藏管線之用，也讓許亞儒學到監工的經驗。

6 許亞儒將蓋房子的歷程寫在部落格，由寶瓶文化整編成書《種瓜
路11之10：上班族的幸福實踐力》，好評熱賣中！

你的氣密窗底框看起來頗厚，是否有什麼用途？

窗戶都用台灣製造、設計研發的鵝牌防盜氣密窗，窗框的尺寸規格有一定的規範。鵝牌的材料厚實又有止水設計，公司也派人到現場責任施工，價格雖比一般氣密窗貴，但用起來覺得很安心。只是鵝牌氣密窗底框高度達10公分左右，若開窗較小，就要將框的厚度算進去。

綠化牆面基腳的花台，如何用最省成本的方式製作？

只要用磚，不必水泥，一樣可以搭出堅固的花台。我的工地夥伴蜀龍是金門人，用直立的磚頭等距排列豎起當做立柱，柱子與柱子之間填滿小石頭，在上頭再放一塊壓頂磚，據蜀龍說這是特有的金門式砌法，故將這個小花台名為「金門花台」。

談談取得水源的過程？如何解決抽水電力不夠的問題？

首先，為了要鑿井，要先經過水權申請、水利單位勘查等漫長的行政程序完成，鑿井工程才能開始。當挖了500尺、也就是40萬元，靠著4根120公尺的不鏽鋼水管傳送，終於有水了，不過，深水馬達卻需要三相動力電（三火線無中性線，可提供三組220V交流電壓），原本申請的農業用電根本不夠，

蘿蔔坑小屋
地點：南投縣埔里鎮
敷地：36坪（含溫室）
建地：7.3坪
格局：一廳一衛一房
房屋結構：輕鋼構

造屋裝修預算表

項目	費用（元）
建築設計	50,000
整地工程	200,000
水電衛浴工程	700,000
裝潢工程	250,000
其他（鋁窗、防水...）	400,000
溫室	500,000
工程總價	2,100,000
土地價格	5,000,000
總價（地＋屋）	7,100,000

而農舍申請動力電的限制又十分嚴格，還好之前土地有分割好，我就用老婆的土地再申請一戶動力用電。不過，從2003年開始辦理用電申請，到2004年4月終於有電抽出清水，前後也花了十個月的漫長時間。除了解決用水、用電的問題，也見識到法規的繁雜，以及和政府機關打交道的磨人。

南投埔里
有教養
的房子

a house with class

震後重建的房屋，更要求穩固條件。有穩固的筏式基礎、寬度達8公尺的鋼筋做為樑柱結構體、不影響結構的明管，以及正確的鋼筋搭接工法。

屋主：張俊祥，目前與太太林秀蓮經營「趴趴蛙布工坊」，以設計手工拼布袋、拼布娃娃及拼布藝品為主。

屋主：廖嘉展，為「新故鄉文教基金會」董事長，集結各界文化工作者，致力於社區營造與921震後重建工作。提倡經由民眾參與社區工作的過程，凝聚社區力量，經由跨領域的多元合作與社區攜手，開拓新視野、挺立新價值，展現新行動。
聯絡：www.homeland.org.tw

取材時2009年6月：張宅：夫63歲、妻58歲、長子36歲、次子33歲；廖宅：夫48歲、妻48歲、兒子20歲、女兒17歲
原始房屋建成時間：1989年
局部改裝：1999年2月
發生地震：1999年9月21日
決定「兩戶合蓋一屋」：2000年初
與設計師討論：2000年初開始設計
申請建照：2000年5月
開始施工：2000年12月
完工月年：2001年底2002年初

心情，是不同的。不像是退休後蓋房子那般充滿期待與夢想，九二一地震災戶的重建心情，是徬徨、恐懼與創傷的復原。決定「蓋在一起」的好厝邊張俊祥、廖嘉展，透過設計與營造的合力用心，在對綠意採光、生活空間與建築體安全性的渴望之下，為兩戶建構了實實在在的好房子。

1 即使是一屋二戶，也各有各的空間需求、衍生出不同的建築造型。

2 二樓的半戶外玄關，是通往兩家人私空間的大門。

1999年2月，廖嘉展於埔里成立新故鄉文教基金會，並將自宅一樓改造成基金會的複合式展覽場，做為藝廊用途。七個月後，發生921地震，連在一起的十二間連棟透天厝無一倖免，新裝潢好的藝廊也就這樣毀了。

廖、張兩戶　厝邊情同兄弟

原本就對社區營造有一份理想的廖嘉展，試著要說服十二戶鄰居一起進行重建計畫，不過，基於多方限制，鄰居紛紛拒絕。唯有從1989年就開始當厝邊的隔壁鄰居張俊祥有這份意願，「我們基地狹而長，我一直在想若

能把靠馬路一段做為前院，種樹營造綠意，房子稍微後退一點，似乎會比較舒服。」張俊祥說，「廖嘉展說要重新設計，我們住厝邊就像兄弟，認為他整體營造的意見不錯，就欣然答應了。」

一樓前段相通　各分攤一半面積的天井

然而，每戶寬度只有4公尺左右，如果房子還要退縮，廖嘉展打算規劃的基金會辦公室就會大幅度減少面積了。「孩子現在都住外面，我跟太太會用到的坪數其實不多，想說乾脆就把一樓租給嘉展，這樣一樓就不必隔開，嘉展的基金會也有比較充裕的空間可以使用。」張俊祥先生說。

他們找來郭文豐建築師代為規劃，「我以兩戶之間的地

1 出門下樓時看到的風景。

2 從對面看，這間房子是路上唯一退縮、讓給綠意的房子。

3 一樓的兩戶人家入口，緊臨的兩扇門，標示著各自的門牌號碼。

4 洗石子外牆較之前貼磁磚的房子更低調，襯托出前院土肉桂的鮮綠色。

界線為中軸線，在中間設一個均分的天井，陽光可以進到狹長形的兩側，兩戶人家一樓相通、二樓起則隔開，不過透過天井的窗戶，還是不會因自家的狹長而感受到壓迫感，等於說，雖然每戶只有4公尺的寬度，但卻可以擁有8公尺寬及挑高天井的視覺。」

利用受災戶的恐懼　不肖廠商雪上加霜

一般人蓋房子或改造房子，主要是為夢想、退休後的人生而蓋；而埔里受災居民，則是為了生活必需、撫平房子倒塌的恐懼徬徨而蓋。

當時有些不肖廠商，利用受災戶急於重建家園、對地震恐懼的心理，施工到一半捲款逃跑、或者愚弄受災戶做不必要的鋼筋水泥添加，趁機取其利潤。來自宜蘭的郭文豐建築師自知對埔里營造商不熟稔，因此更審慎找營造商，透過他的老師介紹，找到當地營造商宋奇易，看了宋所蓋的幾棟房子的品質，並介紹給張俊祥、廖嘉展之後，兩位屋主於是決定將營造交由宋奇易處理。

5 從921那天開始，這份月曆就沒再撕過，至今仍掛在張俊祥客廳牆上。

6 張太太在頂樓鋪塑膠布，種荷花造景，大幅降低樓下（二樓）的室內溫度。

1 所有管線都整合在同一個管線間，而
  配電盤藏在柱子旁邊，並用活動式水
  平夾板隱藏起來。

2 樓梯下的收納空間，用不同的色彩做
  為櫃門片。

3 藉由鐵樓梯，兩家的屋頂花園也是相
  通的。

4 連接一樓至二樓的階梯做成鋸齒狀。

5 為不影響結構安全，一律走明管。

6 室內裝潢也由郭文豐設計，二樓進門
  之後是和室，折疊門拉起後可當作客
  房，下方設收納空間，百葉門片可透
  氣。

7,8 廖宅二樓的格局，先是客廳、經過樓
  梯及天井空間，底部則是廚房與餐廳。

樓梯移到外面確保私宅隱私

由於一樓的基金會辦公室活動繁忙，有時會議進行如火
如荼，若有家人要回來恐打擾到，經兩戶人家商量，協
議將樓梯移到房子外面，就可以不用經過辦公室，直接
通往二樓的住家。

營造商宋奇易所搭建出的戶外樓梯為求穩固，特別製作
出複雜許多的鋸齒梯，其承重較一般斜面階梯強，與剪
力牆一起計算更加堅固耐震。加上鋸齒梯的造型美觀罕
見，客人拜訪時，都對樓梯讚賞不已！

二樓私宅玄關共用

當階梯通到二樓，可以看到兩家人共用戶外的玄關前廊，
親切而平實的迎接著張、廖兩戶人家的出入。關切與問
候、家常菜的傳遞與分享、廖家的孩子跑去找隔壁張媽
媽撒嬌……近鄰相互照應的溫情不時在此上演著。

「有教養的房子。」友人如是說。

現在，新房子完工已經八年了。「每次出門都急著想回家，能不過夜就不要過夜。」張俊祥說。「我的家跟同學們的家都不一樣，我覺得自己的家很特別，很有家的味道，不會想要再去外面住民宿。」廖嘉展的女兒說。而從事拼布創作的張太太，很喜歡待在二樓天井旁做拼布，「當我看到這裡的光線這麼明亮的時候，就知道這個大窗戶是我做裁縫的地方了！」

1 天井佔兩家各一半的地坪，它的採光卻也讓室內帶來生氣。開窗有圓有方，增加視覺的變化性。從廖家二樓可以看到張家的拼布工作室。

2 完工之初，張太太一看到這區明亮的採光，就決定要做為拼布工作區，即使是需要眼力的裁縫，白天也不需要開燈光線就足夠。

3 從模型看建築正面，可以看到房子前面的階梯串接一、二樓。

4 頂樓，右側為廖宅、左側為張宅，中間為兩戶共享的天井。

5 從側面看房子的格局，可發現中間的天井讓中段明亮不少。

「這間房子往內退，外面種土肉桂、紫花風鈴木，樓梯下方有水池，引來不少青蛙。剛蓋好的時候，還會對路人每次經過都往內看的視線感到不習慣。」廖嘉展說，「到現在仍舊一樣，甚至有學生就直接在馬路對面寫生。有一位來訪的老友說，他去許多人家裡拜訪，深感我們的房子，是有教養的房子。」這是很棒的恭維，然而，能夠有感情和睦、互動頻繁有如家人的鄰居，在鄉鎮馬路旁隱身在綠意之後的房子，在國內也實屬罕見！

在位處地震帶的台灣，綁鋼筋有沒有什麼要注意的地方？

921地震倒塌的建築物最大缺失之一，就是「主筋搭接沒有選擇在應力較低處，也沒有錯開搭接」。這次在蓋張宅與廖宅時，柱筋搭接位置，皆於中央非應力區搭接，再採錯開搭接，每根鋼筋的搭接處也不能在同一個斷面。另外，箍筋間距不超過15公分，箍筋末端彎入主筋內部。另外樑的主筋長度也與兩戶人家同寬，就不會有搭接的問題。

屋前連接一樓到二樓的階梯為什麼要做成鋸齒狀？

你可以試著思考，一張平整的紙、跟一張摺成鋸齒狀的紙，何者比較堅固？一般常見的樑板式樓梯，上面是階梯面、下面則是平整。我使用四分鋼筋，在設計時就與所依靠的剪力牆（耐震牆）一起計算，強度更勝一籌。

房子使用筏式基礎之餘，還做什麼額外處理？

以往溼氣過重時，地面就會有潮溼的感覺，這次在做筏式基礎工程之前，先將南亞防潮布鋪在土壤上方，再鋪筋灌水泥，可以大幅降低地下水氣滲進室內的可能性。
（以上均由營造商宋奇易回答）

突然需要整建房子，如何湊得蓋屋經費？

當時政府針對受災戶每戶均可貸300萬，150萬免利息、150萬利息為0.95%。差額部分，則分別向台中商銀及台銀借貸。在蓋屋期間，兩戶均在別處租屋。

921震後狀況

1 震後景象，中為廖宅、左為張宅。

2 廖嘉展和兒子在一旁目睹拆屋。

3 廖宅與張宅原本的房子是緊臨馬路的，
 圖中為怪手正要拆除原有的廖宅。

House Data

地點：南投縣埔里鎮

敷地：基地兩家各44坪

建地：張家總樓地板面積約70坪、廖家總樓地板面積約82坪

廖宅格局：一樓為前院、辦公室；二樓為客廳、和室、餐廳、
廚房；三樓為主臥、女孩房；四樓為男孩房

張宅格局：一樓為前院、出租的辦公空間、天井小庭院、餐
廳廚房、廁所；二樓為客廳、和室、拼布工作區、主臥室；
三樓為二間臥室；四樓為頂樓與戶外花園

房屋結構：鋼筋混凝土

張宅造屋裝修預算表

項目	費用（元）
建築設計 *	230,000
整地及雜項工程	183,600
結構體工程	1,572,190
門窗工程	475,055
泥作工程	487,440
地壁磚工程	391,461
油漆工程	68,200
水電衛浴工程	273,000
衛浴設備	84,000
木作工程	196,000
管理費用	180,000
工程總價	4,140,946

廖宅造屋裝修預算表

項目	費用（元）
建築設計 *	270,000
整地及雜項工程	243,600
結構體工程	1,872,190
門窗工程	495,055
泥作工程	587,440
地壁磚工程	497,461
油漆工程	71,112
廚具設備	67,000
水電衛浴工程	342,000
空調工程	68,000
木作工程	621,000
管理費用	220,000
工程總價	5,354,858

專家

設計師 郭文豐

現任郭文豐建築師事務所主持人，在宜蘭開業，做設計十分
細心，期許每一間房子都與屋主的生活、個性息息相關。做
起設計來甚至比屋主還龜毛、細心，堅持設計住宅的過程，
必須聽取全家每個人的意見，在埔里、宜蘭均有作品。

聯絡：0928-104-533、lulugo@ms46.hinet.net

* 政府補助5萬元。

專家

營造商 宋奇易

目前為五寶營造負責人，921地震後幫助不少埔里受災戶重
建防震住宅，「埔里紙教堂」亦由他所營造監工。早期為軍
人，以軍事化的方式，一絲不苟的訓練工班施工態度，並能
夠自行繪圖、與設計師緊密配合，甚至連設計師忽略的細節
也會細心處理或提出與設計師討論，是進料實在、施工紮實
的營造商。

聯絡：0937-291-366、qb5211@yahoo.com.tw

南投竹山
三代同堂
木構大宅

wooden house

傳統大木構於現代空間的再現，
結合中式傳統構造工法及現代建
築形式，以其開窗、跨距、挑高
的限制少，加以木材絕佳的隔熱
效果，成功為屋主打造不需空調
的家。

屋主：李成宗、李文雄、李岳峰
為德豐木業成員。真正有心研發木頭之專人，
常與學校、教授合作，致力於木材的研發、
改進，以及疏林的推廣。
聯絡：www.tefeng.com.tw

取材時2009年6月：父64歲、母62歲、夫
36歲、妻36歲、長子8歲、次子6歲、弟弟
33歲、弟媳31歲、侄子5歲及3歲，共10人
原始房屋建成時間：1978年
發生地震：1999年9月21日
重建設計：2000年2月～2001年1月
（設計7種款式，全家投票）
開始施工：2001年1月
完工年月：2001年12月
入厝年月：2002年12月

二樓的木平台下方是三根從結構體突出的白色鋼骨、再用一根縱向樑支撐。曾經同時承載三十多人。

一進到李宅，有如進到原木博物館，空氣中聞到淡淡的原木飄香。而撐住客廳的樑與柱，都是罕見的實木主幹。赤腳走在一樓未上漆的木地板上，感受到的是木頭的溫潤質感；碳化過的樓梯扶手與階梯面，觸感立體，紋理更讓人愛不釋手。

乍看這棟國內罕見的大木構住家，讓人聯想到電影中日本忍者的家，「其實這些都是傳統的唐式建築工法，早在唐代就有了，之後傳到日本被其完整的保存與發揚，大家才會以為這是日本式建築。」屋主解釋到。

原本李宅是傳統的鋼筋混凝土建築，在921大地震時成為危樓，一家人在住家與工廠之間的空地，緊急自行搭建小木屋暫住，後來幸虧政府推行低利貸款，才鼓起勇氣決定重建。

以木構造重現老家外觀與格局

一直以來，李家人都抱著感恩惜福、不忘根本的人生哲學，這次地震，原有的RC建築被迫拆除，李家人希望原地重建的房子，能保有舊建築的基本格局及記憶空間。選擇木構造進入生活中，除對於木材本業的認同展現外，也希望藉此破立之際重回古典與現代木構傳續的原點。「重建之後，我仍在二樓老地方設立起居室，這是我和兄弟姊妹從小玩耍做功課的空間，我也希望我的孩子能在這個地方嬉戲學習。」

1 反宇舉折的屋頂搭配簡易的穿斗式構造，在國內罕有現代住家使用這樣的工法。

2 地震前的鋼筋混凝土住家。

3 921地震之後，臨時在住家與工廠之間搭建的小木屋，陪伴子孫三代度過兩年時光。

4 二樓木平台是由三根從結構體突出的白色鋼骨、再用一根縱向樑支撐著。

5 李宅的重建經費十分有限，興建時只能用工廠現有的材料及各種庫存零碼材去發揮。

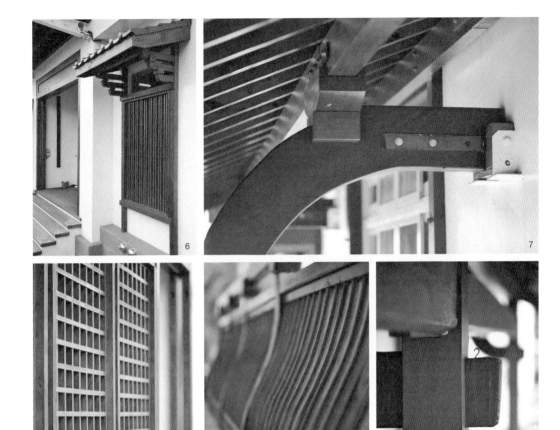

6 對外窗的處理方式。屋簷具有雨遮、遮陽效果,而細緻的木條所產生的光影,使得室內外的視線不會一穿而過。

7 利用原本就彎曲的老樹,切割之後成為屋簷與牆面之間的支撐結構。

8 窗戶的門片是用舊材炭化後切割再卡榫接上的。

9 平台的扶手木頭有曲線造型,是用廢柴、邊柴改造而成。

10 平台上方的柱、樑以卡榫的方式交接。

在工廠預先組裝　三天就蓋好了!

當時經費十分有限,盡量活用工廠庫存的材料與零碼材料。「將原本的鋼筋混凝土全部拆除之後,重新改建的就是大木構的建築,其實大木構並不陌生,就是把輕鋼構的鋼骨架換成木頭即是。」屋主說,「木頭的自重輕,比較不用擔心地震的問題,我們在地面上用鋼筋混凝土做好水泥平台之後,就可以開始組合木構架了。」

為了省時省力，大型的穿斗式樑柱構造，都先在工廠組合好，再用吊車直接將組合好的構架吊上去，「不要看這麼大棟，我們三天就將主結構組裝完畢，是蓋房子中時間最短的階段。」屋主說，「大木構的製作、工廠預組裝，在台灣目前的技術資源來看都不困難，困難的反而在於設計者與各工種的協調與整合。」

不需要空調的木構大宅

外面陽光很大，溫度高達三十度以上，可是走進李宅之後涼爽許多。室內開窗頗多，通風良好，沒看到冷氣機、也沒看到空調預設孔，可見李家在興建之初，就完全不將空調系統考慮進去。直到三樓，也許是沒有開窗、加上又是頂樓的關係，才覺得較為悶熱，在開啟抽風機、

1 二樓格局與老房子相同，屋主想重現小時回憶，讓孩子也能在同樣的氛圍長大。左邊為自行設計的家具，人躺在上面雙手緊握，就可以倒過來，對整脊及血液循環頗有幫助。

2 即使是不醒目的窗戶下方支架，也仔細做了斗拱結構，安穩地支撐窗戶對外框。

3 一樓的主樑與大柱，都盡量找線條偏直線的原木，保留原木的形體，表面稍作炭化或染色處理即可，通風充足也不必擔心白蟻。

4 極簡中式的窗櫺，將原本普通的鋁框窗遮掩過去。

5 一樓沒上漆的平口木地板，赤腳踩在其上，觸感極佳。

6 從辦公室往餐廳方向看去，由屋主所設計的三道窗櫺相互呼應，門片、家具、地板都是不上漆的原木質感。

並打開窗戶通風後,也不如一開始那樣悶了。「木材和鋼鐵、水泥比較,熱的傳導率較低,是因為木材為孔隙率較大的材料,具有隔熱、保持恆溫的效果。」屋主說,「當然,木材要散熱也會較慢,因此在較熱的地區,適合以樑柱式木構造來建造,以增加空間開口的自由度,達到夏天通風散熱的效果。」

1 白牆不一定就是水泥牆,二樓以上的白牆使用木絲水泥板搭配批土及上漆,同樣可以營造出白牆的清爽感。

2 這間為茶室。其上方就是複雜的穿斗結構,單層屋頂雖讓三樓稍嫌悶熱些,但打開窗戶與抽風機之後就涼爽了。右側有室內窗口,是與隔壁間的佛堂相通,空氣因此能較大幅度對流。

3 扶手、階梯經過碳化處理,紋理顯得對比明顯,摸起來也會有原木的溫潤觸感。

4 穿斗結構在木工廠組裝完畢後,就會請吊車吊到基地現場正確的接合點。是有效率的施工法。樑柱可看到黑色的鐵片固定在上方,主要是因為上下兩個結構體是分離的。

5 頂樓最靠邊的書房,是屋主鑽研木構造、木藝之美的自在角落。

6 佛堂與書房間也開有室內窗,上方的縱向樑使用側立方式支撐,讓房子更穩固。

請簡單介紹您家的建築結構處理方式。

一般我們看到的木構造,多是運用西式承重工法,也就是常見的4×6、2×6,通常其開窗、高度、跨距都會受到限制,而中式的樑柱工法則較不會有這方面的問題。我家則是混合「中式傳統木建築工法+現代建築形式」,一樓就挑高達4.5公尺,開窗也可以依照需求來設計,自由發揮的限度較大。以我家的建築而言,一樓是RC、二樓是鋼構再以木絲水泥板包覆、三樓則是純木構造。二、三樓的外牆使用輕量板材,也就是木絲水泥板鋪平後,上批土、再上水泥,最後上白漆即可,看起來有如混凝土般的堅固感,同時又具有隔熱的效果。

在您的木構大宅中,桁架、樑柱分別使用哪些種類?

屋頂、屋簷等比較不需抗彎承重的垂直構件,我使用的是質地輕軟、會散發清香的阿拉斯加扁柏,它易加工的特性,可以讓屋簷多一些曲線造型。而樑柱、尤其是大型的縱向樑,我則選擇抗彎曲的東南亞冰片木,它的硬度中強、耐候,可做為穩定的主結構材。

三樓的屋頂似乎是曲面形?

我想營造中式建築中飛簷走壁的曲線感,一側屋簷用三根小肋樑接成一大段,自然就會形成一面曲面,而且承重力可達每平方公尺80公斤,因此鋪瓦上去沒有問題。

House Data

德豐李宅
地點：南投縣竹山鎮
地坪：1500坪
建坪：50坪
總樓地板面積：130坪
格局：一樓為辦公室、餐廳、廚房、衛浴；二樓為起居室、主臥、長輩房；三樓為茶室、佛堂、書房
房屋結構：木構造

專家

設計、監造　李文雄、李岳峰及德豐木業設計團隊
現為德豐木業第三代、德豐木業研發部經理、無名樹的研發人。有多次傳統木構造的設計、施工經驗，並成立無名樹，專門設計極簡木家具。
聯絡：0935-884-545
　　　nameless.tree@gmail.com

將原本朝馬路的入口改成朝巷子，可以省下狹長通道的空間，進門後動線呈放射狀，使空間充分利用

 台中霧峰

不需空調
的家
green house

透過屋主自行研發出來的 45 度
角透氣孔，以低成本、低耗能的
概念，在 200 萬元內打造「平價
綠建築」。

屋主：王明宗
早期有多年的營造、監工、施工經驗，後來
轉職從事貿易，近年來開始經營社區及集村
規劃，喜歡各種手工藝、皮雕，目前亦在研
究蒙古包的結構。
聯絡：0989-538-830
www091.wang@msa.hinet.net

取材時 2009 年 6 月：夫 48 歲、妻 45 歲、子
14 歲
決定買地：1999 年 4 月
開始辦理購地蓋屋程序：1999 年 5 月，仲介
手續費 2 萬元
開始蓋房子：2001 年 2 月
施工年月：2001 年 10 月
完工年月：2001 年 12 月

仔細看開窗，房子真的都沒有裝冷氣！

入口從原本的縱向改成橫向，省去廊道空間，進門之後的動線以放射狀通往客廳、餐廳、工作區。

右院有肖楠、南洋杉擋住東邊陽光直射；左院有樟樹、果樹阻擋西曬；前門有成排二米高黃金扁柏，被綠意包圍的家，加上屋簷下的兩排透氣孔，一樓、二樓大量窗戶，強化通風。炎炎夏日，一家人哪兒也不想去，待在家裡最涼爽。

這間房子常讓路人誤以為是派出所，有其不為人道的原因，本來外牆要貼岩片，但施工後期資金不足，只好用平價磁磚代替，無意中配出警察局格調。房子外觀四平八穩，無出奇之處，仔細觀察發現設計卻大有學問，規劃時便植入「平價綠建築」概念。屋主王明宗早年從事建築，過去二十年，他都在幫別人蓋房子，這次蓋自己的房子，也就特別用心構思、全程監工。最讓人好奇的是，在這麼炎熱的夏天，家中的每間房間竟都沒有安裝冷氣，到底是怎麼辦到的？

1 房子與圍牆之間有一狹小的石板步道。

2,3 在房子側面設瓦斯放置區，管路與廚房相連，這樣瓦斯工人就不用進到室內了。屋內流理台還預留一小孔，可以伸手到瓦斯桶區開關瓦斯。

4 入口的階梯是由王明宗當時自行砌成。

5 為了裝飾表面而刻意將磚外露出來與磁磚交錯排列。

6 看起來有點像派出所的王宅，是國內罕有的平價綠建築。

自創低成本通風屋頂　昆蟲老鼠進不去

從房子外觀看，可以很明顯看到牆壁與屋簷的交界線有一個個小孔，那就是王先生自創的降溫祕密武器，在前後屋簷的下方，各預留47對空心磚散熱孔，也就是94孔。前後共188孔，內固定有塑膠管子傾斜成45度角，可以讓風吹進去、但雨進不去。此外左右屋頂下也有6孔強化大型散熱孔，風不管從哪個角度來，都可進入天花板夾層，吹走夾層熱氣。王明宗說：「這188個散熱孔剛好位於傳統波浪板屋頂及室內的三夾板天花板之間，每根塑膠管子的直徑約2.5公分、長度25公分，主要是為了避開雨水和昆蟲。當初我判斷昆蟲的飛行習慣，應該無法在25公分又細又長的管子中，以45度仰角直線飛行，所以沒在尾端裝網子，加上管子置於屋頂和天花板之間，有天花板隔開光源，一片漆黑，並不會吸引向光性昆蟲，反之如果蟲子用爬的進入屋頂內，裡頭又熱又乾燥，而且沒有食物，而外頭不管日夜都很亮（夜間也有路燈），依向光性習慣，它會選擇出走。」

王先生又說：「當初孔內不安裝網子，也是考慮到時日一久，灰塵累積在網子上，堵住網眼，影響通風。如果真堵住那麼高，也很難清理。」

為了求證及拍照，我懷著戒慎、怕看到老鼠、蛇或蟲窩的恐懼心情，爬上屋頂和天花板之間觀察，結果，屋頂裡面只有些許落葉，空氣很乾燥，沒看到任何生物！這不禁讓我想到有些雙層屋頂為了防蟲但又要通風，費盡心思加了好多道網子及開孔，還是難逃蟲蟲青睞；而王先生這樣的做法既省成本又有效益，很值得類似的鋼構屋頂採用。

雖有預留　卻從沒安裝冷氣

蓋房子時，雖然王先生設計了這道「通風屋頂」，卻沒料想到它的效果會這麼好，所以仍預留冷氣口及管線孔。沒想到住進去後，即便是位於緊鄰屋頂的二樓裡面的主臥及小孩房，只靠著抽風機將山風吸入室內調節溫度，即可避過盛暑。也許房間多窗通風，加上屋子旁高大的肖楠多少也發揮了庇蔭作用，至今七、八年了，也都沒安裝冷氣的需求。

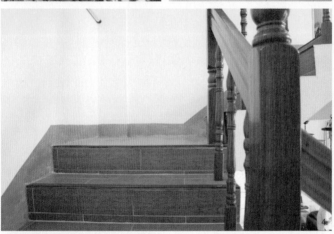

1 為了省錢，花園欄杆不使用不鏽鋼，而是在PVC塑膠管內插入鋼筋再灌水泥，與欄杆一起乾，就會固定在一起，十分結實。事後種植攀藤植物掩飾。

2 從樓梯上到二樓就是起居室，這裡也是父子練古箏的地方。

3 抬升的地板以拋物線收邊連結右邊的走道與左側的房門，靠窗處做櫃子提供收納。

4 樓梯設計刻意降低高度至15公分，走起來比較輕鬆。

5 家中共有12根30×50公分的柱子堅固支撐著房子，也巧妙藏於8寸磚牆內，室外只露出50×5公分，室內牆面平整。

6 入口從原本的縱向改成橫向，省去廊道空間，進門之後的動線以放射狀通往客廳、餐廳、工作區。

7 家中擺放許多小飾品的元件，鮮豔的色彩成為空間中的裝飾。

8 從起居室看挑高的樓梯，當初的冷氣預留口還保留著。

二百萬蓋好防震磚造屋

王先生的老家距離地震博物館4公里，921地震時，也有鄰人因建築物倒塌而傷亡，有鑑於此，王先生蓋新屋前，特別觀察災區房子，發現斷層旁50公尺處有棟三樓加強磚造屋毫髮無傷，反而是百米外的混凝土樓倒塌。事實證明只要結構完整、施工正規，加強磚造也能抗震。加強磚造除了造價較低外，還有隔熱優點，主要有二原因：一、磚牆有24公分之厚，混凝土牆較薄（約10至12公分）；二、磚頭比重低，隔熱效果比混凝土好。在成本以及隔熱考量下，王先生決定自宅採用加強磚造。

王先生說：「因為是自己住，所以不惜血本，但是錢也要花在刀口上。本要採用筏式基礎，但繼而想到有必要在基礎上花下如此多預算嗎？再者，筏式基礎要整個基地挖深，對於臨房可能造成掏空危機，又必須再挖擋土柱，成本太高。觀察基地土質又硬又黏，二十幾年前即有屋子，拆除時基礎無任何掏空、龜裂，可知土質極優；又觀察桌椅，雖沒有地基，僅靠柱子即可以撐住重物，劇烈晃動桌椅，只要其結構完整，也不易崩塌。」

所以，王先生接著表示：「我仍然採用傳統『獨立基角基礎』，以充足的樑柱和外牆承重牆設計，打造磚柱樑合一的施工方式。雖然一樓僅21坪，30×50公分的柱子卻有12根，幫我申請建照的建築師都說太誇張，儘管如此，由於是強化磚造，當時我只花約200萬元就蓋好了。」

除了加強樑柱外，若要防止地震，強化磚造屋在施工細節上有何需要注意之處？

一般強化磚造屋，都先將樑柱灌漿灌好，再開始堆牆面的磚牆，這樣地震時，樑柱與磚牆很容易脫離。我家在蓋的時候，就要求工班要先將磚牆疊好，磚塊凹凸交錯，再釘上模版、灌漿，這樣樑柱的混凝土流入磚頭凹凸之間細縫中，可確保磚牆與樑柱是緊扣的。

House Data

巷口方形小屋
地點：台中縣霧峰鄉
敷地：54坪
建坪：42坪（每個樓層21坪）
格局：一樓為玄關、客廳、廚房、餐廳、工作區、衛浴；二
樓為小孩房、主臥室、起居室、衛浴
房屋結構：加強磚造、承重牆設計

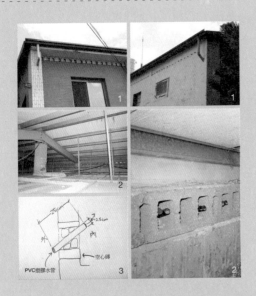

造屋裝修預算表

項目	費用（元）
整地及雜項工程（拆舊屋重做擋土牆）	300,000
結構體工程	550,000
門窗工程	100,000
泥作工程	200,000
地壁磚工程	100,000
油漆工程	20,000
廚具設備	30,000
水電工程	150,000
衛浴設備	80,000
鐵架屋瓦	130,000
木作工程	170,000
建照費用	170,000
工程總價	2,000,000

屋頂呼吸孔說明
1 不論是房子的正面或背面，屋簷與牆面之間，可以看到成排的開孔，在天梁完成後，黏上空心磚，成對塑膠管插入空心磚孔內。
2 從屋頂與天花板之間看散熱孔，可以發現每隔一個空心磚的孔，就插上兩根PVC塑膠管，室內朝上、戶外朝下，兩邊都有。
3 散熱孔剖面說明圖，PVC塑膠管擺放角度約45度。要固定塑膠管，可以到專業建材行買「摩基」（譯音，是一種水泥塊）加以固定。

將前院做成水池、木平台及室外階
梯。原木色輕撫過一樓的斜柱、框柱
各角落自成一景。

台中霧峰
25年後
終於甦醒
的房子
rebo house

只留老房子的骨架，重新填肉換皮，自行混調出內外牆壁的質感塗料，以漂流木、鋼筋、黑鐵，搭配創意工法，讓老房子如舊似新、低調而充滿生命力。

屋主：吳一志
吳語空間設計師，嗜玩木工、鐵件，喜歡夕陽、迷戀陽光灑在建築上所產生的光影，常實驗舊木料材質，將漂流木變成超質感木家具。目前亦參與霧峰921地震教育園區餐廳空間相關設計及社區營造活動。
聯絡：0923-299-488
　　　handw-sign@hotmail.com

取材時2009年6月：夫39歲、妻39歲、長子11歲、次子10歲
開始尋屋：2007年2月
確定承租：2008年7月，租金每月11000元（舊屋屋齡30年）
拆除工程：2008年9月5日
配管線／泥作工程／裝鋁門窗／鋼構工程／水池鋪設：2008年10月
外壁工事：2008年11月
木作工程：2008年12月
完工年月：2009年2月

這是關鍵的巧思：吳一志將隔牆往內
切掉一塊三角形，使得關係從「連棟」
變成「一棟」。

有時候，僅僅是一股熱忱，也會讓人做出不可思議的決定。儘管已貸款買下市區透天厝，吳一志還是忍不住租下這處視野絕佳、卻被遺忘沈睡的老屋，並將它改造為承載過去、與周邊環境融合的房子。

1 戶外的樓梯，基底打在水池內。可通往頂樓及二樓，用意是歡迎鄉親隨時都可到頂樓乘涼賞景。
2 原本兩戶之間的隔牆，是垂直而下的直線。
3 從室內看往水池一景。

兩年前，霧峰921地震教育園區旁山上的老社區，突然出現了一位年輕人，對著一間棄置二十五年的老房子東張西望，引來附近歐巴桑的同情，「這個年輕人怎麼這麼可憐，要跑來這鄉下住這麼破舊的房子？」

吳一志，霧峰人，已經在台中市買了一棟透天住宅，卻又渴望能夠找一塊地，蓋一棟屬於自己的房子與工作室。他找遍中部各鄉鎮，直到有一次回霧峰老家，母親提起父親生前最喜歡散步的路徑，他心血來潮也跟著去走一趟，在路途上，他被一棟老房子的地點給吸引住了。

走遍中部　終於在老家找到理想地點

這棟老房子座落於山坡產業道路旁，面對的是綠意盎然、
毫無開發的山谷，還可以看到夕陽從山頂慢慢落下，所
在位置絕佳。不過房子本身，則是三十年前蓋的老屋，
當時似乎頗流行西班牙風格的建築，一棟分為左右兩戶，
斜牆、西班牙瓦，坪數不大。建商沿著街道將這樣的形
式複製成一整排，隨著時間，大部分都已經被改為其他
面目，吳一志看到的這棟，還大致維持著原有的骨架與
外貌。

不過，一棟有兩戶，他必須先找到兩位屋主才行。左棟
的屋主A很快就找到，雖不願意賣，但願意出租給他，右
棟屋主B長年在國外，好不容易回國連絡上，在屋主B另
外的住處守候了一整天，才安排相約看房子。

1　翻修前，房子的正立面。

2　從西側看翻修前的房子，原本前面是
　　車道與遊民種的玉米園。

3　變身後的建築，仍有前身的記憶殘味，
　　低調地再度融入街景。

4　建築、平台與水池，組成家的室外風
　　景。

5 戶外階梯近照。漂流木會隨著風吹日晒裂開，壞了就再換一片。整棟的戶外扶手都是8號鋼筋，吳一志認為鋼筋本身的紋路也是一種美。

6,7 水池裡養了附近溪邊撈到的蝦，會跟人握手打招呼，很可愛！

8 前廊的車庫與隔壁的擋土牆之間用矽酸鈣板隔開，使畫面簡單化。

那位從都市來、留長髮的傻年輕人

來到現場，屋主B二十多年的鑰匙打不開門，看樣子已被外人換上新鎖，只好強行破門而入。原來，裡面已有遊民入住，裡面有遊民搬來的床、衣櫃、椅子，髒亂、頹圮、壁癌、霉味的景況，嚇得屋主倒退三步大喊：「這不是我的房子！」

吳一志並沒有被嚇跑，他還是跟房東B租下來了，經過兩位房東的同意，允許他將房子翻新，「附近的阿桑們都笑我傻，還給我取綽號『那位都市來的、留長髮的傻年輕人』，認為我是在幫房東省錢翻新、有錢沒地方花，雖然我的財務也不是很闊綽，但我就是想試試看，改造這棟老屋的可能性有多大？！」於是，吳一志開始他的**翻修大計**！

管線配置考慮未來分隔的可能性

為節省經費,決定保留建築本體的原有樑柱。先打通兩
棟之間的隔牆,並處理牆面、頂樓壁癌的狀況。原有的
水電管線都老化了,他將所有的水電管線都集中在兩棟
間的柱子旁,設有管線間,「在重鋪管線時,有很多細
節只有我知道,刻意將電源箱及電信箱全部整合在兩棟
中間的柱子兩側,以後若房東們又將房子隔開,仍可各
自處理配線。」

1 左棟前廳做為現在的客廳。客廳與廁
  所之間的隔牆,是會隨著時間老去的
  鏽鐵牆,以及有蛀蟲在上面畫畫的台
  灣柚木。
2 原本隔開兩戶的隔牆兩邊都裝有各自
  的電源箱,所有的管線都集中在這裡
  處理。
3 將原有的階梯磁磚拆除,換成E0等級
  的無毒板材。
4 把剩餘的木片稍加炭化、變得油油亮
  亮的質感,再用蚊子釘釘到門片上,
  就成為樓梯的門。

5 從左棟看往右棟，牆面已經改成開窗，
　左側的兩道門，是通往二樓的樓梯，
　中間的柱子是原本兩戶中央的隔牆。
　天花板也重新粉刷防水。

6 從右棟看往左棟，光看陽光的照射角
　度，就知道現在大約幾點。室內的每
　樣木家具，都是吳一志使用漂流木設
　計而成。

7 吳一志常要客人洗手後隨便甩水，水
　氣會在鐵板上創造自然的鏽蝕痕跡。

8 依照樓梯下的空間所設計的不鏽鋼板
　極簡書架。

9 原本的廚房是用水泥鑄成，沒有拆除，
　僅予以粉光。

這麼大規模的翻新，在該村算是大事吧，從開始整修起，
附近的阿桑們就會圍在附近討論「是要蓋民宿吧？」「還
是要蓋接待中心？」

民宅前的大水窟

在房子翻修的同時，前院也開始進行挖方，長約10公尺、
寬達10公尺、深約30公分的大凹槽，先進行池底整平、
再用磚砌出水池周邊形狀、再鋪高碳網代替鋼筋，最後

打通門面的外牆。→

兩戶之間的隔牆也打通。→

一、二樓外牆幾乎被拆除，只留下柱子，可看到兩戶是對稱設計。→

從左戶看到底部的擋土牆。→

二樓的鋁框裝顛倒了！通常都是這樣裝沒錯，但吳一志刻意要讓小窗在下面。要拆下來又是大工程。（左圖）一番爭執後，終於裝回原本的構想。（右圖）→

水池鋪上塑膠布、用土壤夯實後，邊緣用磚塊開始收邊。→

因為建築外型是斜牆的關係，內部的兩根柱子緊靠在一起，打通之後才發現通道有點窄。→

水池底部配好單層筋，周邊的磚牆也上水泥，然後灌漿打底。→

完工的水池試水養護。→

開始修飾拆除的邊緣，盡量讓造型與原有建物相融。→

架設的平台及樓梯鋼骨架，之下做為車庫、之上是通往二樓的觀景平台。→

一樓工程進行到一半，察覺頂樓裂縫嚴重，若不補強恐怕影響到日後的居住品質。決定先停室內工程，將頂樓老化的區塊拆掉、重新灌漿、塗防水。→

頂樓搞定之後，再進行二樓室內的防水與粉刷。→

頂樓用8號鋼筋當扶手，現場直接指定地點即興焊接。→

調出來的混合漆也塗在外牆。→

漂流木經過切割後組裝到階梯上。此時房子的新雛型已可略見。→

木棚架、水池旁的木棧道陸續完工。→

因為玻璃框中間有細隔框，從裡面裝雖然方便，但遇到強風可能倒進室內破掉，吳一志特別要求玻璃從外面裝，確保日後安全。→

洗手台、家具，只要是木作部分，都在基地現場製作。→

入厝日時值冬天，親朋好友在池畔享受午後暖陽。→

前院開挖。→

室內塗防水漆，圖中為右棟前廳與樓梯，需處理舊壁紙與牆壁發霉。→

從右棟門口看到底。拆掉的開窗用磚補強或封起。→

所有的配電管線都拉到兩棟之間的柱子旁，各有各的電箱及電錶，若日後兩位房東隔開房子也不會有困擾。→

水池中預留的紅色鋼骨是日後室外階梯的基礎。→

在水池排水孔旁邊，寫下「2008深秋」的紀念。→

在跟台電申請後，將有礙觀瞻的電線及絕緣礙子從中間移到房子上方。→

感性時刻，1978年與2007年的絕緣礙子，象徵老房子重生。→

「可能係釣蝦場ㄟ款？」「阿係接待中心？」爬山運動完在工地旁討論的阿桑們。→

水池還在養護階段，鄰居小朋友忍不住跑來玩。→

正在抹平粉光地板，牆面上多種不同灰色，是吳一志在試色試質感的結果。終於找到想要的質感，用水泥加易膠泥1：1混合而成，有復古而手感的質感。→

木作進場。→

低價跟木材廠買棄置許久的漂流木及木材廢料。→

經過刨光打磨竟也搖身一變成為氣質木門！→

戶外長廊與隔壁擋土牆之間，用水泥板搭配實木架構組合成白色面板，用於緩衝由下而上的視線。→

二樓，邊做邊想的書架與書桌，要如何與建築物呼應呢？→

與木工師傅討論剩餘木材再使用的可能性，不規則的矩形拼貼是最後的答案，就把這個拼貼法用在通往樓梯的兩道門上吧！→

1 從室外梯走到二樓的戶外平台，平台通往二樓的書房。

2 為了讓冷空氣進來，將水平開窗設在偏下方，以上的視線也不會受到干擾。

3 隱藏式的神桌搭配收納櫃一起設計，祭拜時再打開即可。

4 吳一志的工作室，將原有的女兒牆拆除，開窗往外移，釘成梯形的書架和梯形書桌，都是為了呼應建築物的梯形。

5 打通二樓兩棟之間的隔牆時，發現柱子與柱子之間的距離很窄，可能跟建築物的型式有關。

6 此房間當作臥室使用，將原有壁紙及踢腳板拆除，水泥粉光之後，狹小的房間在採光下營造出Loft的臥室風格。

7 臥室的衛浴門口與床之間，採用可轉動的活動式木板，可依照需求調整浴室進來的光線，木板上下兩端用紅柳安木做活動軸支撐，必要時可以拆下。

再以混凝土灌漿並加以粉光。「喔，原來是要開釣蝦場啊！」可愛的阿桑們暫時得出結論。

戶外梯歡迎鄰居上樓賞夕陽

在靠馬路的一側，吳一志設計透空的鐵件樓梯，可直接通往二樓的平台及頂樓，要到二樓的書房不一定得從室內走。「我看鄰居們的頂樓都不太容易上去，這裡的夕陽及風景太美，一個人欣賞太可惜，」吳一志說，「這道室外梯，鄰居可以自由上下，要在頂樓練太極、看夕陽都沒問題。」完工之後，當地居民大多害羞憨厚，要上去還是都會先知會一聲，甚至帶些家常菜與吳家一起在頂樓分享。

木作90%都是DIY

至於室內的規劃，「一樓打算當工作區及客廳使用，我和工作夥伴可以在這裡上網畫圖，因為我和老婆都很喜歡喝咖啡，咖啡吧就設計得很大，並結合小型輕食廚房，做為我們全家吃早餐的地方。」

室內的桌椅家具，只要是木頭的，都是吳一志與朋友、工班所設計製作。抱著實驗、遊戲與創作藝術品的心情，他們玩得很開心，也設計出許多原創風格的家具。

原本只是單純的住家及工作室，幾個月前，某位研究地震的台大教授行經門前，拜訪數次之後成為朋友，建議吳一志應對外開放，「這個建築讓人覺得很友善，沒有開放與大家分享實在可惜。」教授如是說。主業是室內設計及家具設計的吳一志，終於在教授的強力鼓勵下，將一樓空出一部分當作咖啡廳用，由太太胡毓玲放棄十八年的護理工作來經營。不過由於地點頗郊外，而且沒有任何廣告，即使週末人潮也不多，生活步調不至於太過緊張。

1 小朋友的書房，窗戶朝房子後院。書桌、書架都由吳一志設計製作。

2 廁所設計極為簡單，功能俱全，洗手檯面也是自行設計製作。

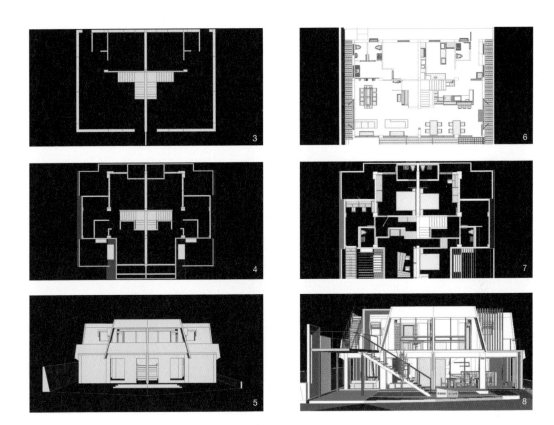

3 改前一樓平面圖：從中軸線切開，兩邊完全對稱的格局。

4 改前二樓平面圖：室內隔牆多且複雜，每個空間畸零又狹小。

5 改前正立面透視圖：當時算是前衛的西班牙式建築。

6 改後基地及一樓平面圖：基地周邊多了木平台及水池。樓梯前方的空間打通，左棟樓梯封起。

7 改後基地及二樓平面圖：將外平台的裝飾牆拆除，原本的陽台改成室內。

8 改造後正立面透視圖：正立面少了二樓架起的牆面、一樓的小窗變大窗，變得輕巧許多。

促進鄰里互動的水池與平台

被鄰居誤以為是「釣蝦池」池塘，上面種了些許水生植物以及附近抓來的溪蝦，「水波反射的光芒會照到室內。」吳一志指著書房的天花板，光搖曳的波影總是讓他陶醉不已。大部分來拜訪的親友，也喜歡坐在水池旁的矮牆上聊天，小嬰兒在木棧道上學步走、大一點的孩子喜歡在長廊下盪鞦韆，或沿著戶外階梯跑上跑下玩捉迷藏。透過這次的老屋改造，吳一志不僅為房子帶來新的氣象，也為周邊鄰里增添不少活力元氣！

樓梯下面剛好規劃成吧台收納空間，深度接近200公分的空間如何善用？

雖然吧台的設計是包覆在樓梯之外，但吧台下方的抽屜長度，並不一定要跟著台面一樣寬，因此也可以利用到樓梯下方的畸零空間。吳一志設計的活動式收納櫃，櫃門與吧台其他櫃子一致，唯獨長度從樓梯下抽出可長達150公分的活動式收納櫃，可收納許多咖啡豆與器材。並且可預留吧台區管線需維修時的進入空間。

請問您木家具設計的特色是？

我喜歡可以單一又可以組合的組件式家具，像是這張Z型椅，兩張就可以有四種擺法。而另外一款用榫接的方几，單一時可以當座椅，四組擺在一起，就成了小桌子。

* 霧峰舊名「阿罩霧」，曾為台灣省政府及最高議會殿堂所在地，因為凍省及921大地震摧殘，讓具有文化歷史的鄉鎮走向沒落。因對霧峰有感念之情，希望在各界有志之士的努力之下，能重拾霧峰昔日丰采「晴」。

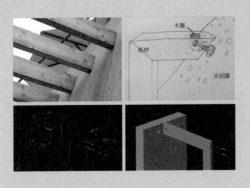

木棚架與混凝土牆的交接面拆招！
吳一志研究出隱藏釘工法，將板材挖兩個一大一小的圓孔成L型通道，公母螺絲都藏在木頭與水泥凹槽之中，讓木頭與牆面的交接外側不會再看到固定兩端的金屬片，同時非常堅固，即使在上面踩踏也沒事。

改屋費用規劃表

項目	費用（元）
自有資金	2,000,000
其他方式抵押*	2,000,000
每月攤提成本**	67,000

造屋裝修預算表

項目	費用（元）
拆除、整地及廢棄物清運工程	250,000
水電工程	450,000
泥作工程	450,000
油漆、防水工程	350,000
門窗工程	450,000
衛浴設備	200,000
木作、家具工程	950,000
鋼構、鐵件工程	400,000
廚具設備	300,000
窗簾工程	150,000
工程總價 *	**3,950,000**

* 運用原本計畫蓋房子之土地抵押貸款。

** 房子裝修約4,000,000元，6年總成本約4,800,000元，每個月攤提成本約67,000元。另外，土地房子租約6年，每月租金11,000元，6年共需792,000元。

*** 因為工程細項頗多且相互交錯，有些是點工點料，有些是發小包，所以只能概略分大項。

苗栗造橋
深山中的
童話屋

與其人定勝天、不如人服順天。
沿著陡峭山坡而蓋的小木屋,以
最小程度的整地,保有了山林與
水土保持,成為相思樹林所環抱
的山中童話屋。

屋主:傅先生
原從事印刷業,目前已退休,喜歡爬山、戶
外活動,與老婆、岳母和三隻小狗享受歸田
園居的生活。
聯絡:chuntingfu@yahoo.com.tw

取材時 2009 年 6 月:夫 57 歲、妻 55 歲、母
親 86 歲、大女兒 28 歲,二女兒 27 歲、小女
兒 24 歲
辦理購地手續:2006 年 5 月,仲介手續費 5
萬元
找尋農舍設計師:2008 年 1 月
農舍施工年月:2008 年 6 月
完工年月:2009 年 1 月

前廊與平台，是一家人在房子裡與大自然接觸最棒的界面。

起因來自一片孝心，要接雲林古坑鄉下的母親來住，沒想到住習慣市區的傅姓夫妻，也因此跟著愛上田園生活，這間原本只是週末短期渡假的小木屋，現在已成為傅姓夫妻主要居住的地方。

從事印刷製版的傅老闆家住新竹市區，退休後，因時間變得較為充裕，打算與太太將居住在雲林鄉下的丈母娘接來同住，以便就近照顧。不過，母親在愜意的鄉下住慣了，對於繁雜的市區生活一直無法適應，經常獨自搭車往返新竹與雲林。

孝順的夫妻倆為了避免老人家舟車勞頓，開始四處在新竹周邊、尋覓與雲林古坑鄉下相似環境的農地，終於在兩年前，在距離新竹市約一小時車程的苗栗造橋找到了理想的環境。

1

3

5

4

6

2

7

1, 2 印有木紋的戶外用水泥板做為房子的外牆，較木頭板材耐溼隔熱。

3 屋簷下方有長形開孔，讓冷空氣進入雙層屋頂之中，開孔裝有紗網，可避免昆蟲跑入。

4 木屋要做好防潮，在還沒架外牆前，只要是窗口屋簷等交接面都要鋪上防水布。

5 提供老人家運動的戶外廊道，讓紫藤慢慢爬滿棚架達到遮陽效果。

6 屋簷邊線用鋼板摺成直角，可保護雨水不要滲入板子之間的細縫，也可降低雨水在牆面留下污漬。

7 由於坡度陡，架設木階梯可以避免對地面造成破壞，同時更利於行走。

8 家人平常很少待在房屋裡，主要都待在平台閒聊嗑瓜子。

至於房子要蓋什麼形式？房子位於山坡接近山脊的位置，是整個山谷的視覺焦點，為了要讓周邊居民的視覺權益得到保障，讓房子的造型成為美景的一部分，是很重要的一環。

思索半天，夫妻倆決定交給女兒Junnie打理！她是台灣著名瓷器精品「法藍瓷」的新銳設計師，對鄉村花草的優雅線條頗具敏銳的觀察力，因此大自房子的造型、顏色，小至房子的配件、燈具，Junnie都一手包辦了。

隱身在山中的童話小屋

在一片相思樹林的小山上，大地色的屋頂、藍天白雲的白中帶淺灰，配上金黃落葉的黃色欄杆，完美融合了相思樹一年到頭的四季變化，尤其當相思林開黃花時，從遠處眺望著木屋，感動之情油然而生。

蓋綠色的房子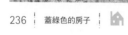

1, 2　Junnie 的畫畫老師來拜訪時，還特別為房子水彩寫生。

3　二樓有兩個房間及一個彈性利用的空間。地板使用柚木，天花板及牆面則貼松木板。

4　從山谷遠眺大地色系、如童話般的小木屋，屋頂上的兩道老虎窗像兩顆大眼睛。

5　自行開墾的小菜園，種滿多種蔬果，沒有使用農藥的絲瓜仍然長得很漂亮，同時口感更為香甜，連傳先生大女兒 Junnie 也因此常回家陪伴父母享受田園樂。

6　除了戶外平台之外，客廳是第二個家人主要聚集的地方，這裡有 KTV 及視聽設備，在這裡唱歌不必怕影響到鄰居，連親戚朋友也常來練唱。

從 Vacation 變成 Long Stay

原本傅先生還要兼顧第二代的事業經營，一開始只有週末的時候才來到這裡，也許是對於親手打造的環境越來越有成就，而清幽的山谷也和市區形成極大的對比，大自然的呼喚實在難以抗拒。

現在，夫妻倆與母親一週幾乎有五天都會在這裡消磨時光。「一群人就在這個平台上遠眺這片綠色的山谷，微風吹來十分愜意。」傅先生笑說，「我們在附近也開墾了 30 多坪的菜園，讓母親和太太都可以種菜、健身。因為坪數不大，不必施肥也不灑農藥，作物都是有機的喔！」

山坡的坡度頗為陡峭，要如何穩固房子地基？

考量到水土保持，支撐結構選擇沿著坡度而建，取代一般大量挖掉土地的不環保做法。架高最高達 5 公尺的 H 型鋼支撐結構，獨立基腳深達 1.5 公尺，經過結構計算確認安全無虞。房子管線部分可以整合在地板下，方便維修。

House Data

深山中的童話屋
地點：苗栗縣造橋鄉，永和山水庫和明德水庫附近
敷地：800坪
建地：45坪
格局：入口、木階梯、大平台、前廊、客廳、廚房、衛浴
×2、臥房×3、起居室
房屋結構：鋼骨＋RC獨立基礎、木構造主體、水泥板外牆

專家

設計師　羅梓源
以鋼骨為基礎結合木構造建築，多為住宅、小家庭做設計與
營造，擅長D-log原木屋、2×4框架式木屋、輕鋼架框架式
木屋、木質樑柱系統住宅及木質相關結構的多種工法。
聯絡：www.dahoo.url.tw

造屋裝修預算表

項目	費用（元）
整地及雜項工程（水土保持及排水）	1,100,000
結構體工程（木構本體及鋼構基礎）	1,800,000
露台工程（鋼構基礎及木構露台欄杆階梯）	400,000
門窗工程（雙層強化玻璃氣密門窗）	180,000
泥作工程（基礎挖方、鋼筋綁紮、水泥澆置）	150,000
水電衛浴工程（整體衛浴、室內外管線）	320,000
電氣設備	200,000
廚具設備	80,000
窗簾工程	50,000
清潔工程	20,000
園藝佈置工程	700,000
工程總價	**5,000,000**

苗栗卓蘭

半醫半農
有機的家

林醫師決定從踏進這塊地開始，
就把農藥當成拒絕往來戶，讓土
地代謝、休息，讓雨水、溪水及
植物，慢慢地將土壤中的毒素分
解掉。

屋主：林醫師
中醫師、農夫，每週四天看診、三天務農。致
力於研究生機飲食與癌症之間的制衡關係。

取材時 2009 年 7 月：夫 46 歲、妻 43 歲、長
女 14 歲、次女 13 歲、長子 8 歲
結婚：1994 年 1 月
孩子出生：1995 年 5 月
開始找地：2001 年 2 月
買地：2005 年 1 月，仲介手續費 9 萬 3000 元
決定蓋農舍：2008 年 4 月
施工年月：2008 年 10 月
完工年月：2009 年 1 月

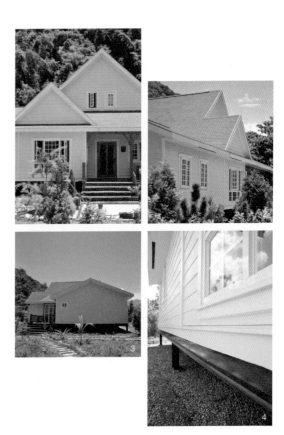

年輕的中醫師決定將一半的工作時間分出來務農，雖然收入會減少一半，但這樣的日子反而讓他更開心，決定在農地上與建木屋，以利將來可再轉換務農為主業、看診為副業的生活。

1 房子外牆使用戶外水泥纖維板，容易維護。

2 配合座向與地形開窗，室內十分涼爽。屋頂上貼的是可樂瓦，排水佳，且成本還不及一般瓦的一半。

3 會遇到太陽直射的方向，乾脆就只做一道小窗透氣用就好。

4 架高的木屋，下方以獨立鋼骨做為基腳、水泥板做為外牆。

在台中市開業的林醫師，數年前得知敬重的學長，因常看診超時而得了癌症，「當時學長為了教大家如何使用超音波掃描，以自己的身體當範本，在解說影像時，才得知自己的身體已經是肝癌末期。」從得知這件事實到身故不到三個月。林醫師因此事感慨良深，思索著工作、生活與健康之間的平衡，於是決定開始找地，希望過著半農半醫的生活。

後面有山坡、旁邊有小河

找地找了四年多，林醫師在苗栗卓蘭鎮的內灣覓得了這塊地。「我喜歡後面有山、附近有水源的地方。之前也

1 迎賓小徑，左右兩排的**水杉**及**落羽松**，會隨著四季變化，就像月曆上國外風景圖。

2 堅持要有煙囪，讓房子更有童話中浪漫小屋的氛圍。陽光下正好將水泥板的木紋清楚呈現。

3 林醫師自行搭建的露天泡澡池。

4 林醫師正在整理不使用任何農藥的有機菜園。

5 大片的草地永遠都在生長，不過林醫師還是背著除草機一片一片慢慢除。

6 從小徑看，透過已經長滿藤蔓的棚架，小木屋似有若無的成為端景。

7 煙囪與周圍的木頭之間，也要再加一層鐵片保護，以防高溫時影響到木頭。

8 煙囪高度有一定的限制，煙才排得出去。兩側靠近壁爐的牆面也都改貼防火磚，確保生火時的安全。

9 客廳一景。可以看到房子與買來的壁爐之間，用自行訂做的煙囪相連。

去看了清境、新社的地，不過水量都不足。而大坑則是小黑蚊多，最後在苗栗親戚家的對面發現這塊地。」林醫師說，「這裡本來是種葡萄及楊桃的果園，後面有山、前面大安溪水源流經基地，雖然離馬路很近，但並不會干擾，於是我決定買下它。」

前後種了三百多棵樹　幫土地排毒
因為之前是果園，土壤已經吸收太多農藥與化肥，林醫師決定將來不論種什麼，都不要使用農藥，盡量讓這塊地上的作物能達到有機的標準。

此外，還要不停的種樹。透過網路、國光花市、北屯區的園藝店，他前前後後共買了三百多株，都是從樹苗開始種起。

從大門通往小木屋的小徑兩側，各種上一排落羽松和水杉樹苗，四年後的今天，已經成為讓人讚嘆不已的香榭小徑，到了秋冬，變紅的葉子更是浪漫至極。

開始適應半農半醫的生活

買下農地後，開始調整作息，從一週看診七天降為看診四天，不看診的時候，就到基地從事農務，親自整地、除草、作畦種菜，還養了一群雞鴨鵝，當時只能暫時在臨時搭造的鐵皮屋裡面過夜，但已經心滿意足。實踐半農半醫的生活約三年後，確認自己與家人都能夠適應這樣的生活，才決定要在農地上蓋農舍。

蓋一棟沒有潮溼困擾的木屋

在綠意盎然的草地上蓋一棟木屋，似乎是再合理不過的浪漫選擇。然而，有四次裝修經驗的林醫師，在選擇營造商的時候也格外謹慎，「之前去親友家的小木屋住，浴室的地板因長期使用，木頭地板都爛掉了，感覺很不舒服。」林醫師說，「我們找了三家木屋營造商，只有豐原的大和木屋提供了有效防潮的解答。」這個解答，在於規劃好平面圖之後，先確定哪些區塊是廚房、浴室，這兩處是最容易接觸水氣的地方，林醫師要求做成水泥地板，其餘部分就仍以木架構及木底板來當地面。

1 客廳區採挑高設計，二樓另有起居空間，在轉角處刻意做成三段，讓視覺更寬敞。

2 林醫師的書房，因為書多，先用厚實的原木設計好書架。

3 二樓與一樓之間的互動性絕佳。

4 針對不同的空間開窗，此處長輩房開六角窗，將外面的綠意美景納入。

5 二樓是小朋友們的遊戲區及大通鋪，二樓天花板安裝排氣扇，保持室內空氣流通。

6,7 客廳與餐廳之間相通，只是高度不同。

未來經營癌症者的養生處所

菜園種的有機蔬果，都是林醫師未來目標的幫手。「我這邊要做有機蔬菜園，提供罹癌者生機飲食的調養。」林醫師說，「癌症不是病，是我們飲食作息不正常長期累積下來的結果，其實癌細胞可以與身體共存的，如果患者能夠來這裡住上兩週，也許就會抓到生機飲食的訣竅。」

現在林醫師的菜園已經發展成熟，豆芽、蔥、絲瓜、過貓等各式蔬菜在他的悉心照顧下一一茁壯，林醫師半農半醫的生活，精彩正要展開！

施工重點步驟

1 先架設 H 型鋼骨基腳、埋化糞池。

2 現場放樣,將所有的基腳位置對好。

3 設好排水坡度、埋廢水、污水管線。

4 鋼骨周邊用鋼筋做錨桿固定。

5 鋪上碎石取代傳統的水泥硬鋪面,開始安裝地板鋼樑。

6 廚房及浴室區地板以 DECK 板加上點焊鋼絲網澆置水泥。

7 紅色的 L 型角鋼,以螺栓固定樓板樑。

8 架設在鋼骨間的樓板樑,在木地板底板 (15mm 防水合板) 的銜接處設置釘接板角材以維持地板的平整性。

9 底板鋪設中,可以看到臥室與浴室的水泥地已鋪好。

10 浴室水泥地上預留的管線。

半醫半農有機的家
地點：苗栗縣卓蘭鎮
敷地：180坪
建地：60坪
格局：一樓為陽台、客廳、餐廳、廚房、書房、主臥、客房、
半戶外晒衣間；二樓為起居室、小朋友通鋪、儲藏室
房屋結構：木構造

專家

營造商　大和木屋
建造日式民居、美式庭園住宅、渡假別墅、鄉村小屋、精緻
農莊、個性化住屋等。
聯絡：www.dahoo.url.tw

造屋裝修預算表

項目	費用（元）
整地及雜項工程（含外水外電及建照費）	250,000
結構體工程（木屋主體結構）	3,500,000
門窗工程（雙層強化玻璃氣密窗）	350,000
泥作工程（衛浴及廚房地板）	200,000
廚具家具設備	600,000
水電衛浴工程（室內配線及衛浴設備）	450,000
暖爐	130,000
窗簾工程	30,000
清潔工程	20,000
園藝佈置工程	300,000
工程總價 *	5,830,000

* 營造商提供建築設計，無建築設計費用。

新竹市

三角玻璃
溫室的家

真正厲害的老屋改造，不僅只是
拉皮、外牆翻新，而是透過新增
或刪減局部建物結構，成功改變
老屋體質。

屋主：羅先生
熱愛花草植栽、音樂、閱讀、室內設計與木
製家具。對輕食、飲茶、紅酒等多有涉獵。

取材時 2009 年 6 月：夫 51 歲、妻 48 歲、
小孩 18 歲及 15 歲
決定買下此屋：2002 年 4 月
施工年月：2004 年 5 月
外壁工事：2004 年 9 月
完工年月：2005 年 1 月
入厝儀式：2005 年 1 月

將原有陽台欄杆方向改朝綠化的庭院，可以欣賞庭院的綠意。而景觀不佳的巷弄方向則縮小為細長橫窗。二、三樓的陽台跟著三角形溫室逐次內縮。

望著充滿綠意的庭院、象牙白外牆的建築本體，你很難想像它的前身是荒廢已久的破房子。一家人坐在遮陽傘下，有的看著書、有的聽著音樂、有的則心滿意足地欣賞著擁有許多小生態系的自然庭院……生活，光是這樣就很幸福了吧！

雖然家裡沒有電視可看，但每次都要託朋友幫我錄下日本電視節目《全能住宅改造王》，因為前後大變身的差異，常常讓我感動不已。唯一美中不足的是，日本的住宅多為木結構，雖然可以看到很多機能設計巧思，但因結構不同，無法從中獲得更多的資訊。

位於新竹市區、鬧中取靜的羅宅，其改造之精彩可說是「台灣版」的住宅改造王！由於改造程序相當龐大繁雜，在分別與屋主羅先生以及不願具名的設計師（以下簡稱Black）討論瞭解過後，才稍微理出頭緒來。那麼，故事就從頭說起吧！

before

2

3

4

6

7

8

before 5

1　一樓往樓梯、餐廳區望去的原始屋況,水族箱後面是餐廳,然後是廚房。

2,3　客廳、餐廳與茶室在左側。右邊則是樓梯與中島廚房。相較於原始格局,每個區域的隔間拉長,可各自獨立。廚房的中島上方天花板使用透光的PC中空板,讓光線可以均勻分布在廚房各處。

4　玄關一景。在霧面玻璃後方打燈,讓玄關處變得明亮的設計。

5　原本車庫棚子跟車庫上方的外牆。

6,7,8　設計師Black設計了朝向大門的精工外牆,由塑合木排列而成,可以降低室內溫度,也可美化外牆造型。只要一根螺絲釘錯,間距計算剛好的底骨就全毀、得要重釘。

9 即使是白天，二樓陽台因外推的關係，也顯得十分陰暗。

10 將外推的陽台拆除、室內退縮，使陽台再度重生。

原老屋改建兩次　同樓層高低差竟達1公尺

羅先生成長於南部，從小就喜歡院子裡有花草樹木的環境。尤其是有果子可採的祖母老家，更是懷念不已的回憶。移居北部後一直住在水泥叢林的公寓中，希望能給孩子們一個有花有果樹的老家。一次偶然的機會，羅先生得知位於市區一間占地百來坪的二十年老房子要出售。該處交通便利，附近環境寧靜又有難得的樹林，應該是個不錯的標的。但來到現場發現，房子及雜草叢生的庭院，顯示出房子已經廢棄多時。走進去看，經過改建再改建的房子，每層樓都有近1公尺的高低差、隔間及動線混亂、狹小的開窗使室內空氣混濁、採光也不足……是一間問題重重的老屋。

before 9

10

before 1

2

3

before 5

7

before 6

8

9

1 朝庭院一面的建物原況。

2 在二樓及三樓陽台上，既看得到庭院戶外，又感覺像是待在室內。溫室的窗戶可透過一樓的遙控按鈕來決定打開通風與否。

3,4 沿著牆面搭蓋、達三層樓高的三角形溫室，成功產生了戶外與室內、庭院與建築的關聯性。

5,6 一樓原始屋況。天花板已經爛掉，半長不短的尷尬隔間頗多。

7,8 一樓。原有客廳朝大門一側的窗被封起，所有與戶外的互動都延伸到落地門外的平台上。客廳佈置上，屋主以西式的Musterring沙發搭配東方的太師椅，混搭出個人的風格。

9 喜歡中式風格的屋主，以明式餐桌椅來裝飾餐廳。從餐廳往外可看到玻璃溫室與水池。

10 原有的開窗封掉後，將牆的下方開面橫窗。茶室的開窗刻意壓低，讓視線導向院內的池塘及綠意盎然。

10

拆除重蓋費用驚人　只好選擇改建

「原本並不以為意，打算房子乾脆全都拆除重蓋算了。」羅先生說，「甚至已經把重建的設計圖及模型都做好了！但是，經過估價，才知道拆除整棟再重建的成本，會比保留大部分結構而改建，貴上1.5倍左右！」在經過衡量之後，羅先生決定與設計師重新討論，以改建做為新的調整方向。

「一根柱子」，不只改變膚質、還改變體質！

通常，改建一棟房子，不能奢求期望什麼，頂多拉拉皮、換換陽台、改一下屋頂就很了不起了。羅宅一開始受限於原結構的箝制，第二代模型也無法擺脫原屋造型，僅局部陽台及屋頂外觀改變而已。

before 2

3

4

這樣一來,即使擁有難得的市區鬧中取靜的大庭院,也只能說可惜了!居者若不能在室內透過建築物與庭院的綠意產生互動,如此「與基地無關的建築物」,不但不能稱為成功的設計,而且還白白糟蹋了這塊基地的綠意。

苦思數日之後,Black想出扭轉房子造型的大關鍵:「在建築物轉角再加一根柱子,這就是答案了!」

就這麼一根柱子,承重不再是問題,二樓的陽台得以拉寬成為露天平台、客廳也變寬了!「這根柱子是關鍵,我用地樑將新柱子與舊柱子串起,確保新柱子的堅固。它將大幅度改變屋子的造型,並且與基地產生更大的互動性。」

1 原本房間落地紗門朝向景觀不佳的大門巷弄方向、陽台欄杆也朝向大門。

2 原本門口的位置及開窗方向。車庫頂棚將大部分陽光都遮住,導致室內更加幽暗。

3 一樓小樹後面的白色柱子,其底部與原建物綁上地樑,是加強支撐、讓整個建築物空間大變身的「關鍵結構柱」。

4 大門口改向,原窗戶封起,由於是受風面,使用常用於歐洲屋頂的法國進口鈦鋅板做為玄關頂部與牆面的保護。鈦鋅板暴露在空氣中呈現漂亮的淺灰藍碳酸鋅層,不但可以保護板材本身,也可襯托出植物的綠意。

5,6　三角形溫室是「半戶外」空間，銜接著
　　　一至三樓的室內外。池塘中的鯉魚在餐
　　　廳裡面也可以觀賞到。

玻璃溫室因基地而有意義

多了柱子之後，客廳得以往外拉出、與最裡面的房間牆
面對齊（請參考前後平面圖），此時，朝庭院方向的陽
台反而成為唯一的內縮牆，於是，Black 設計了三角體的
玻璃溫室，它是二、三樓起居室與戶外相連的媒介；它
是一樓餐廳與魚池互動的平台；它因這個基地而有存在
的意義。

大隱隱於市　巷弄中的自然生態系

房子改造接近完工階段，庭園造景規劃也開始進行，魚
池從基地高點順流而下，經過玻璃溫室再流到門口處做
結。有了水與植物，鳥類、蛙類與昆蟲漸漸地被吸引而
來，池塘裡也放養魚蝦，可以大幅降低蚊子孵化的數量。
而隨著季節千變萬化的庭院，也成為一家人最愛欣賞的
作品，羅先生尤其喜歡坐在遮陽傘下的木椅上，邊悠閒
地吞雲吐霧、邊欣賞著庭院中姿態萬千的風景。

before 1

before 2

3

4

6

before 7

8

1　位於二樓另外一側的房間原況。

2　樓梯轉折處原本光線不足。

3　將原本的小格玻璃窗拆除，改成大片可局部開啟的採光窗，連帶窗外綠意也看得到了。

4　經過基地調查，Black發現窗外是一片姿態優雅的相思樹林，於是決定將窗戶改大。並因應先天房子增建所造成的地面落差，將空間區隔成琴室與書房。

7　原本頂樓空地只是放置水塔之處。

5, 6, 8, 9　將水塔移走，改成空中極簡水生花園，並增建觀景按摩浴缸與三溫暖。天花板使用進口檜木增添自然香氛。

9

before 1

1 原本的庭院，從頂樓鳥瞰一景，左側是原車庫棚子。

2 羅先生可以在枕木鋪成的平台待上很久，邊抽煙邊欣賞著庭院中的生命變化。

3,4 三角形溫室是「半戶外」空間，銜接著一至三樓的室內外。池塘中的鯉魚在餐廳裡面也可以觀賞到。

5 羅宅基地較低，外界的馬路很容易看到，為了讓庭院保有隱私，架設約4公尺的木圍牆，並讓藤蔓攀爬綠化。

6 也許這裡是新竹市區罕見的綠色住宅，有賴屋主對自然的珍視。庭院自然吸引了十多種的鳥類，諸如五色鳥、紅嘴黑鵯、白頭翁、樹鵲、夜鷺、綠繡眼、小卷尾、鴿子、山雞、麻雀等，以及昆蟲、貢德氏赤蛙、黑眶蟾蜍等。

7 在庭院也可以聆聽交響樂。這是偽裝成石頭的戶外音響。

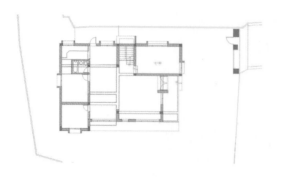

1 剖面圖、一層平面圖

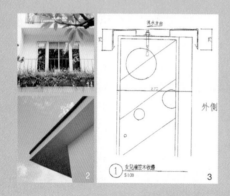

三角玻璃溫室是否有開窗？溫室的基腳要怎麼處理才會穩固？

為了要讓室內的熱氣得以流散，玻璃溫室共開了6扇小窗，高度分別在一、二、三樓層，但窗戶離陽台有一段距離，故使用電動按鈕，每扇窗都可獨立以電動開啟。另外，為了安全起見，溫室與地面相接的6個點都使用鋼筋混凝土基腳，深約50公分。

浴室如何針對屋主需求而設計？以及搭配哪些配備？

為了要讓浴室擁有平均而充足的照明，用日光燈搭配PC中空板讓光線均勻散射，下半部使用雪白銀狐磁磚去襯托衛浴配備的豪華感。馬桶及小便池簡單俐落的懸掛在牆上，水箱均已隱藏在牆面之中。

原有建物的窗戶邊緣都有裂縫及壁癌，如何改善？

設計師抓出窗框美麗的線條比例，精準的工法搭配窗外的滴水線，可以避免風雨造成壁癌。

書房天花板不夠高、又不喜歡燈光直射時，還能採用什麼照明方式？

設計師以優雅的極細比例，訂做出T5燈管專用的燈槽，因為T5燈本身就很細，使燈槽更具有線條感，不但不會讓燈光直射，也可以滿足書房足夠的照明。

笠木——即使是白牆也不怕髒了！
這是一個值得學習的外牆保養細節。台灣空氣常帶有灰塵、又常下雨。建築物長年下來都會掛有黑黑的眼淚，影響美觀。以這間房子為例，設計師在頂樓女兒牆及所有屋簷都裝上笠木，使得這棟白色的住家即使兩、三年了，都還潔白如新。

1 沒有使用笠木的地方（圖下方），易因排水而變黑。
2 屋簷裝上笠木之後，屋簷的垂直面不再變黑，頂樓女兒牆周邊也貼上一圈，可以預防壁癌。
3 笠木的圖解。笠木具有將水滴導離牆面的效果。

新竹羅宅
地點：新竹市
敷地：150 坪
建地：50 坪
格局：花園、車庫、玄關、客廳、茶室、餐廳、中島廚房、
主臥（含衛浴、起居室）、書房、琴室、男孩房、女孩房、
視聽室、三溫暖、頂樓花園
房屋結構：鋼筋混凝土＋強化磚造

（左圖左）改建前基地配置及一樓平面。

（左圖右）改建後基地配置及一樓平面圖。右下角多
了一根柱子、左下角的牆內縮拉齊。客廳、餐廳的隔
間拉長，轉向的玄關牆外推至幾乎與車庫門齊。

模型說明

1 第一代模型。當時是預設將原有建築全數拆除重蓋，
  因此建築結構與原屋況截然不同。
2 第二代模型。決定以改建代替重建之後的模型。幾乎
  依照原有建物，沒有做過多的變動。
3 第三代模型 final 版。比第二代多了左下角的那根柱
  子，卻因此而大翻身，造型空間得以大重整。原本置
  於外面的車棚拆除，車子改停到玄關右邊的空間。

造屋裝修預算表

項目	費用（元）
建築設計	980,000
鋁門窗工程（含溫室）	1,100,000
泥作工程	3,100,000
地壁磚工程	531,000
水電工程	1,000,000
木作工程	1,300,000
笠木工程	446,000
外牆塗裝	580,000
木地板工程（含戶外南方松及油樟木）	570,000
工程總價	**9,607,000**

台北金山
讓破房子
優雅老去
old & elegant

改裝老屋，15 萬含材料費及兩天工資，其餘都靠自己，光是木作、家具 DIY 就省下很多錢。

屋主：于永傑（于導）
流行音樂MV、廣告、紀錄片導演、DIY家具玩家、喜歡衝浪、繪圖、影片剪接、生活記錄。
聯絡：www.axs.com.tw/blog/jaco/

取材時 2009 年 6 月：主人 40 歲
決定租下：2004 年 5 月，租金每月 5000 元，簽約 6 年
施工年月：2004 年 6 月
水電配置、化糞池：2004 年 7 月
油漆、地板、外壁工事：2004 年 8 月
前廊架設、家具製作：2004 年 10 月
完工年月：2004 年 12 月

沿着突出的前落地窗（木架化妝建曲前
那，鋪上紗網，讓室內與戶外有個過
渡空間。

海邊的頹圮老屋，滲水壁癌、牆壁坍頹、無人居住，孤單的佇立十餘年，直到遇見一位衝浪導演，願意持續地修補它陪伴它，房子終能優雅的老去。

「金山雖然沒浪，但是有溼地。我願意為了它繼續敲敲釘釘塗塗刷刷縫縫補補打打殺殺……」
看著于導剪輯的翻修老屋影片，小孩、鄰居、同事都來參與，忍不住會心一笑，改房子的過程，在于導的影片中，反而顯得悠閒、溫暖、慢條斯理。

「我喜歡衝浪，這個地方離海岸只要走五分鐘，很方便。而金山離台北也近，我若沒事就會跑來這裡住。」他和卡卡及妮妮兩隻狗住的這間房子大約三十多歲了。于導剛租下時，只能用頹圮來形容，部分磚牆倒塌許久，牆面因海風吹而斑駁嚴重。

首先，拆除原本的小窗戶、改成大窗，並拆除幾道嚴重
頹圮的磚牆。再來是製作化糞池，用磚塊配水泥做出簡
單的四個隔層，將水管依照坡度往下傾斜拉到外面的水
溝。「化糞池雖然小但已經夠用，就直接埋在底下，我
還特別自己製作了化糞池的遮蓋板喔！」于導說，「由
於化糞池周邊刻意都留一些利於透氣的細縫，下雨天時，
水會滲透進去，味道較不好，但平常則不太會察覺。」

雖說房子的壁癌已經十分嚴重，但這房子是租來的，頂
多將外牆再重新漆上彈性水泥，裡面也重新上漆，不過
才兩年的光景，溼氣又讓牆面再現斑駁，「我個人可以
忍受房子的溼氣，反正都有開窗戶，要乾也很容易。」

1 擺上家具後，空間被區分出來，包括
　書架前方的練吉他區、左側的書桌、
　書架後方的床。

2,3 完工後的廁所，由於溼氣重，竟也長
　　起青苔和可愛的小植物。靠近屋頂處
　　設計開窗，讓廢氣與溼氣可以排出。

4 沿著突出的前簷再以木架構搭建出前
　廊，鋪上紗網，讓室內與戶外有個過
　渡空間。

5 前廊是于導與朋友抽煙聊天最好的地
　方。

屋頂除重新上漆外，也再鋪上一層保麗龍，做為室內隔熱用。廉價的保麗龍同樣可以達到隔熱效果，不過日久也隨著風吹日晒而腐壞，再過半年也許要再重鋪一次。

泥作鋁窗外包　木作油漆自己來

為了要增加使用面積做為廚房與浴室，原本打算自己堆磚的，但沒想到越堆牆越彎，只好外發泥作工程，于導幫忙調出一比一的水泥，工人花兩天時間就把磚牆堆得又直又正。接下來，就輪到于導自己DIY的木作工程上場，他先幫浴室、廚房及主空間釘上角材，再鋪上廉價耐用的木芯板，鋪好之後再重複上漆打磨多次，直到表面看起來平滑光亮為止。

瑜伽床、抽油煙機、餐桌，全部DIY

由於于導喜歡平坦寬闊的床面，因此他決定自己製作超大尺寸的床，而且設計時，每根柱子的凹槽都不同，才能以卡榫方式放置床樑，讓床更加堅固；抽油煙機則是將小抽風馬達裝在回收的鋼管內，外加燈罩，就可以達到抽風效果；另外，自行設計的餐桌面，是將堆在鄰居家旁的磁磚拿來鋪在表面，這樣放熱湯都不必用餐墊了。

房子是有機體　需要修補是正常的

不同於他常拍攝的華麗MV，于導的家，恰巧相反，有一種頹廢感與滿足生活機能的純粹，這兩種組成了空間的頹美感，與房子的所在地——人煙稀少、海風就這樣無止盡地吹著——很搭，就是這個家的味道。至今租約已經走了五年半，問他要不要續租？「要啊。」他毫不猶豫地說，「原本我以為完工了，但兩年前廚房因溼氣太重地板重鋪；床架有兩根柱子幾乎被白蟻蛀掉了；床頭的迎風牆面總是會滲進溼氣。但是，房子是有機體，會隨著時間老去，尤其是海邊的房子，總是需要無止盡地修修補補。」也許正是這樣需要照顧但又洋溢著空無感的房子，才讓于導深深眷戀著吧。

1 使用廁所時，拉上門就會顯示出「有人」的字幕，這是于導自己畫的。

2 站在門口就可看到底。

3 從馬路往前廊一側望去。

4,5 完工後的廁所，由於溼氣重，竟也長起青苔和可愛的小植物。馬桶上方是用沙拉油桶做成的壁燈。

6 金山的冬天很冷，這個小壁爐可以讓方圓1.5公尺內的空間變得溫暖，填滿大木料可以維持3至4時的熱度。煙囪要另外請鐵工訂做。

1 原本嚴重頹圮的空間，做為現在廚房的用地。

2 房子原本狀況，已經十多年無人居住。

3 外牆滲水嚴重，租下來之後立刻就上防水漆，之後每隔一年就
　要再漆一次。

4 主結構體原本空蕩蕩的。圖中于導正在重新幫天花板上漆。

5 浴廁門口，于導親自畫上一個沈思（也是方便中）的人形。

6,7 原本不存在的廁所，用磚搭起牆、鋪上透明屋頂及地板的水泥
　　後，于導開始上漆、釘地板。

8 右側補上新的磚牆、漆上白色防水漆，左側那道封起的門再度
　打掉，好通往主建物（可對照 before 1 圖）。廚房架上 C 型鋼
　並鋪上透明壓克力波浪板，引進採光。

9 原來的窗與凹槽都被保留，只是裝上新的窗、塗上新漆罷了。

10 用小馬達搭配燈罩的 DIY 抽油煙機，吐口煙證明真的有吸力
　喔！

11 有時候陸蟹也會出現在廁所裡、甚至馬桶上，為避免人踩到或
　坐到，特別做了「小心陸蟹」的標語。

12 這裡走五分鐘就是沙灘與衝浪點，風景也從田景變成海景。

可否簡單敘述一下地板施工？地板的邊緣似乎比一般木芯板來得圓滑？

因原本的地面就頗為平整，我沒再做角料，直接鋪4釐米厚、4×8尺的木芯板。我先將木芯板的邊緣洗導角，視覺上比較舒服。接著在木芯板底部對角線擠上silicon黏在地面後，直接用風釘槍對準木芯板塗有silicon的對角線、打釘到水泥地上，有silicon當墊，較穩。

接著上漆，然後打磨。打磨時所產生的粉不用掃掉，粉會填到木芯板的小孔隙之間，然後再重複上漆打磨多次，直到地板光亮為止。不過現在地板被兩隻狗磨過後，反而產生時間累積下來的生活線條，也覺得蠻好看的。

你如何製作那張大床？

大概花了三個整天，從白天到晚上的時間吧。我先想好設計圖，決定不同的柱腳類型要各做幾支，再把組件做好。邊緣就不做柱子了，直接釘在牆上以求穩固。為了要讓床下方有收納空間，床的柱子須平行且堅固。鋪上木芯板後和鄰居小孩用力試踩，發現頗穩固，再把訂做的榻榻米鋪上，就大功告成了！

金山小屋
地點：台北縣金山鄉
敷地：約25坪（原18坪左右）
格局：前廊、複合式空間（含吉他練習區、衝浪板擺放區、床、
書桌）、廚房、浴室
使用建材：磚、C型鋼、木芯板、防水漆、油漆、木板
房屋結構：強化磚造

你如何製作磁磚餐桌？

我用回收的木廢料來製作，為了鋪磁磚，桌面要預
留凹槽。接著在凹槽面倒入白膠，然後鋪上磁磚，
鋪好後，要讓磁磚日後不易脫落，還要在表面及細
縫都塗上填縫劑，最後再用抹布將表面多餘的填縫
劑擦掉即可。

造屋裝修預算表

項目	費用（元）
木作工程	40,000
泥作工程	70,000
水電工程	10,000
C型鋼架、鋁窗工程	20,000
火爐	20,000
桌椅、床（DIY、回收）	0
工程總價	160,000

北台灣

從地上長出來的房子

earthbag house

拿土地原有的土壤礫石,以客土袋（earthbag）工法蓋成,搭配多處的透氣孔與原木調節室內溼氣,百萬元以下就蓋成的環保土屋。

屋主：村上正太
職業是教師,只要有空就在自己的農地務農,喜好研究各種綠建築與生態環境的相關資訊,並且落實到生活中。

取材時2009年6月；夫45歲、妻40歲
開始研究土包工法：2006年5月開始
嘗試做土包試體：2007年10～12月
開始建造第一棟：2008年1～4月
建造第二棟：2008年6～7月
完工年月：2008年7月

客土袋建築是環保建築的最大特色，是使用基地現有的土壤做為建築本體的主要材料，將物料的運送、採集成本降到最低。

打造一條生態溝圍繞著小屋，化糞池的水也流到生態溝內，由水生植物幫忙分解，並不會聞到異味。

夢想蓋一樓綠建築住宅的村上正太，委託綠建築專家為他規劃房子，卻遠超出自己的預算成本，決定要自己蓋房子，以平價、環保、減碳為出發點，讓主結構的建材運送產碳量減到零，在蓋房子的過程中，就已經吻合綠建築的減碳定義。

這個位於海岸旁的基地，在村上正太還沒搬進來之前，是一塊塊往下延伸的梯田。村上買下這塊地後，將其中幾塊拿來種地瓜、茭白筍及芋頭，另外再分出幾區規劃為野放的生態池以及有機蔬菜田。但有時農忙太過勞累需要休息，或者希望能夠在農地待久一點，因之決定蓋一棟低耗能、環保的綠房子，當作耕作農忙之餘的休息小屋。「我一直對綠建築很有興趣，本來找了綠建築專家，為我評估設計房子，後來發現不太合乎成本，於是決定要自己蓋。」村上說，「我認為綠建築不一定要很昂貴或者採用高科技，像是臺灣早期常見的土角厝，也是很環保的建築，只要稍加改良應可更加堅固，成本費用也很平價。」

1 從玄關處看房子內部，充足的採光不會讓室內顯得昏暗。上方的隔層可以架上木梯，多了一處空間可活用。

2 在容易製造溼氣的浴室外牆，底部邊緣設透氣孔。

3 可以看到建築物上方特別留的開孔，目的是要讓熱空氣可以流出去。

4 生態池的水源承接自上游的農田用水，不以觀景為訴求，採取野放的方式，讓裡面的動植物自由競爭，形成自然生態系。

5 建築物門口及窗戶上方類似雨遮的突起，在製作過程就要先用木架撐起。

6 戶外步道用切割好的石板鋪成，下方不鋪水泥，讓草長出來更加固定。

7 買來調水泥的小型混凝土攪拌機，現在功成身退躲在草叢中。

先做試體　確認單位客土袋之強度

一旦決定要自己蓋，村上就著手蒐集各種資料，剛好看到美國正在推廣的綠建築——客土袋（earthbag）建築的報導，便開始蒐集相關資料，然後再自行實驗做出各種試體。「我先做試體，尋找合適的泥土。建議黏性不要太高，最好是能夠與水泥充分混合的土壤為佳。」村上解釋。

試體混合好之後，讓它乾燥固化、定型，村上甚至用鐵鎚敲它，固化後的強度遠勝過土角厝的土磚，而且若能有適量的孔隙，就如同空氣層般，有助於日後的通風、隔熱及保溫。

工法類似土角厝　層層堆疊而上

走進房子裡面往上看，曲線呈現半圓球形，中間屋頂開一個孔，用強化PC板當採光。如此大幅度的弧度曲線，當初施工要怎麼蓋，才不會蓋到穹頂處就倒下來呢？「在

客土袋施工過程摘要

1 先挖出約0.3公尺左右的地基。

2 開始鋪放客土袋，依照所需要的面積圍出第一圈。

3 在地基上重複做夯實、灌水、乾燥、夯實的動作。

4 圍好一圈就壓實。

5 客土袋邊灌邊固定。

6 遇到開窗口、呼吸孔、管線口，先用木架或同樣尺寸的水管卡住。

7 將木架、水管取下，安裝窗戶、門及呼吸孔。

8 客土袋固化之後，兩側上水泥或灰泥或當地類似的土質，建議至少上5公分厚。

（感謝美國Diamond Moutain提供，攝影：Evan Osherow）

蓋的時候，是一圈一圈慢慢往上堆，每堆完一圈就要站上去壓一次，上圈的重心不能超過下圈，這樣在蓋的時候就可避免坍塌的危險。」村上說，「遇到窗戶、門、呼吸孔等地方，要先預留，用臨時木架先去撐住客土袋。等客土袋乾掉、硬了之後，臨時木架可以選擇拿掉，裝上鋁窗後，再用水泥去修飾鋁窗與客土袋之間的孔隙。」土袋乾掉之後，內外牆還要再用噴漿的方式鋪上厚約5公分的水泥，最後才上漆。

完工一年後……

我們拜訪的當天烈豔當空、無風無雲，村上為了降溫，正忙著用更大塊的臨時帆布蓋在屋頂的強化PC板上。當時室外是36度，室內則在29、30度之間，經過一整年的試煉，我看到房子的內壁仍然很新，沒有漏水、壁癌的問題，摸起來也很乾燥，也許跟客土袋壁面多少可以呼吸的特性有關係。

房子裡主要的空間是個大半圓，然後延伸到旁邊的入口區、小洗手台、廁所及小倉庫，上方用回收的木料撐起一小塊挑高，增加空間的層次感。這兩間稱為「earth house」的小屋，讓村上在農忙疲憊之餘，有了舒適的遮風避雨稍事歇息之處，同時也讓村上平價、環保的綠房子夢想，成功實現！

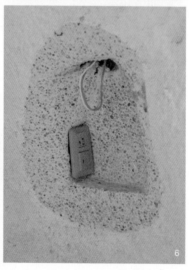

1 往上看透氣孔，猶如小天井一般。

2 從外面看透氣孔。村上使用PVC水管當作透氣孔的圓周支撐，再黏一道紗網避免昆蟲飛入。

3 由於門是往內開，有時雨水太大可能會淋進來，故在門檻角落設排水小溝與排水管。

4 可以自動偵測光線的LED燈，晚上就會自動發亮，耗電量極低。

5 從裡面看透氣孔。在PVC水管的外框釘上簡單的五金轉軸，夾著回收的透明壓克力，壓克力盤為單一旋轉方向，往下遇到框就會停住，避免雨水或強風灌入。

6 房子內預留許多插座與電線。

7 將他人丟棄的老木頭重新打磨上漆，依照門口的形狀切割而成。門上還有木頭以前的使用痕跡。

8 跟RC或土角厝建造一樣，窗戶的部分就先預留尺寸，等完工再裝上。

9 窗戶也是村上自行製作的卡榫窗，古意盎然。

袋子要特別跟國外買嗎？要用什麼袋子來裝土？

台灣國內就買得到了，你只要使用半透氣的材質即可，我用的是一般常見的尼龍布、尼龍袋。這種材質很耐用，當裡面的客土固化之後，還是可以有韌性撐住。不建議使用完全都不透氣的塑膠袋，或者不耐拉扯的麻布袋。

地基要如何處理？

通常下挖0.3公尺左右，如果地質較硬，也許要用鑽的。挖完之後稍微夯實，若是大太陽，可以在凹槽先注水讓它排乾，土質會更緊密。由於我是要久住，因此地面再抹上一層水泥、然後鋪上磁磚或抹上抿石子即可。

這類建築在法規上要申請哪一種類型？

客土袋建築在美國已有專門的法規通過。在國內，當時我附國外的研究報告，花兩年的時間申請、說明、討論，發現因它本身的結構體即為水泥，可算是混凝土建築。建議若真有打算蓋客土袋建築，還是先確認一下各個層面，再做決定。

何謂客土袋建築？
客土袋建築（earthbag construction）是一種不昂貴、但足夠強壯、可以輕易建造的建築形式。建築的組成單元，主要是將現有基地的土壤礦物質（如沙、碎石、土），裝到強韌的袋子裡，以堆磚塊一般的交錯方式，一包堆著一包、一圈一圈的層層而上形成曲線造型，以便使整個結構體更加堅固。最後再以灰泥、水泥等材質去保護內外牆，達到防水、防龜裂的效果。

這種建築形式，可用在緊急臨時搭建、也可做為永久建築，適合小到中坪數的住家空間。

綠建築是一種概念，不是昂貴的高科技
目前國內的綠建築，一般人常會誤以為是「高科技、高成本」的建築形式，常常望之卻步，筆者有時參加一些綠建築材料發表會，會中介紹的通常過於學術或費用昂貴，也不是一般建材行就買得到。

在此呼籲，「綠建築」是一種概念、一種態度！並非只有太陽能板、風力發電、複雜微電腦系統、昂貴的建材，才有資格叫做綠建築。只要掌握那些概念，一樣可以蓋出平價、環保又低耗能的綠建築啊！

House Data

Earth House

地點：北台灣
敷地：三分地
建地：5坪
格局：入口、起居室、書房、浴室、廚房、臥房
房屋結構：客土袋（earthbag）建築

造屋裝修預算表

項目	費用（元）
結構體原料 *	15,000
氣密窗成品 **	12,000
工資 ***	594,000
衛浴設備	15,000
工程總價	**636,000**

* 跟附近店家購買當地製成的建築用土，每立方公尺200至300元，一棟約需50立方公尺。
** 每才約450元，共三面氣密窗。
*** 基本需6人施工，粗工每天2200元，共1.5個月工作天。因面積僅5、6坪，故自行整地、生態園藝亦自行處理。

Part II

關鍵詞＝做自己的建築師

蓋屋不敗秘笈

預拌混凝土廠

建材廠現場直擊 1

混凝土是國內各種建築物最常使用的素材，常被使用做為木屋或輕鋼構建築體房子的地基；以鋼筋混凝土建築體的房子而言，它甚至是主體。此次親自到新竹亞洲水泥子公司亞興水泥現場，瞭解混凝土的製作過程，並與工務處副理徐建忠、營運處劉福順兩位先生探討多數屋主對混凝土的疑問。

適合住家建築本體使用的水泥，普遍來說以幾磅為佳？

一般建築物設計抗壓強度，從國家標準規定的最低標準3000磅（強度每平方公分可承重210公斤）、3500磅（強度每平方公分可承受240公斤）到4000磅（強度每平方公分可承受280公斤）等，在客觀條件下均可住上百年，假設3000磅為及格分數，那麼4000磅就是70、80分，屋主可以依照樓層數、心理及預算需求來決定要使用幾磅的水泥。

屋主會擔心水泥攪拌車到現場加水？

通常卡車運到現場，跟屋主要水的理由，都是說要把車子降溫，如果屋主真的怕加水過頭，把一箱水箱加滿之後，就不要再給予水源，或者頂多給一桶，不要讓其持續加水。其實，最重要的是樑、柱及承重牆主要結構體的部分不要加水，至於有些裝飾性牆面與承重結構相關不大，但會比較重視外觀，若在灌漿時發現有可能產生蜂巢現象時，則可以加少量水，使過於濃稠的水泥得以攪拌。

前往新竹東大路參觀亞洲水泥子公司亞興水泥。前方為廢水回收處理區，可用來清洗卡車。

骨材部下方有好幾個出口，將尺寸分類完畢的砂石依序傳送到輸送帶。

要怎麼確定簽訂的是3000磅、運到現場的水泥就會達到3000磅的品質？

為避免基地現場常常發生的不可控制因素而造成強度折損，通常預拌混凝土廠出貨的磅數，會比屋主訂的磅數來得高。例如我們公司會拉高到3500磅，一般小型預拌混凝土廠也會拉高到3100至3500磅不等。因為有過磅的記錄及品質保證書，只要是有信譽的混凝土廠，給的磅數都只會超過不會低於所簽訂磅數。

控制室裡面，有專人監督每個關卡及水泥製程的計量。

每蓋完一層樓，要花多久時間養護？

以正常程序而言，最好能夠養護28天，除了第一天的灌漿前，為避免鋼筋與板模因與混凝土溫差太大造成接觸面龜裂，可以在灌漿之前先將板模及鋼筋灑水降溫，同時將表面的塵土沖刷乾淨，灌漿時確實依照規定不能加水。

在灌漿完成灑水降溫之外，這28天要每天灑水，混凝土在剛硬化初期，最怕大太陽、怕沒水、也怕下大雨。有些工期比較趕，養護14天、甚至7天就要再蓋第二層，這時就要使用強度更高（磅數更高）的水泥，不論是以天數或磅數來看，其試體要能夠達到應有強度才能過關。

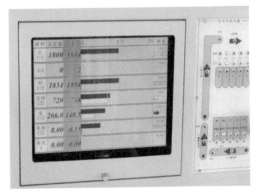

藍色是設定含量，綠色是真實調劑的量，所有成分通常都要比藍色再超過一點點，以確保濃度夠。

使用較高的磅數就不會有牆面滲水或漏水疑慮嗎？

磅數跟強度的關係較大，漏水與否則是施工時有沒有做防水工程（鋪防水布或上防水漆）的問題。水泥本身是有孔隙的，一定會有水氣出入，只是多寡的問題，因此就算磅數很高的混凝土，只是水泥的密度較高，作好防水工程才能真的達到隔絕溼氣的效果。

目前混凝土的價格行情約多少？知名品牌混凝土廠跟一般混凝土廠的差價如何評估？

北、中、南各區域的價位各異，以4000磅的混凝土來說，一立方公尺的價格從2100元至2500元以上都有（2009年資料，出車費另計）。會隨著市場需求而有所變動，若有預算限制，建議多問幾家再做決定。知名品牌廠商如台泥、亞泥、幸福等，通常會較一般混凝土廠的價格再高一點，主要在於強調售後服務，或者日後有問題可以有申訴的管道，不論如何，混凝土廠的出廠品質都必須符合國家標準的規定。

採自花蓮的砂石品質是否是最好的？

我們大部分的水泥原料都是來自花蓮，從花蓮港出船，再運到西部的港口。其實國內本地自產的砂石品質都還不錯，混凝土的要求主要是以強度為主，重點還是製程以及是否使用得當。

跟預拌混凝土廠購買水泥，要記得拿哪些證明以便申請建照？

通常這些都會有跑照的人代為處理，預拌混凝土廠主要會提供兩張證明「預拌混凝土保證書」以及「氯離子含量檢測單」，前者要確認一下強度是否合格（強度標準參考第一題回答）；後者則要確認氯離子（海砂檢測）含量是否小於每立方公尺0.3公斤。

工廠 Data
亞興水泥製品股份有限公司
新竹市東大路三段274號
03-536-8405

混凝土製程

原料主要分為砂、一分石、二分石。

將各原料混合放進原料庫（1），經由輸送帶傳到儲料槽（2）用水清洗乾淨，再送到骨材部（3）分類，將砂、一分石、二分石分開後，送到轉運站（4）以便往更遠更高的攪拌室輸送。

從轉運站再往上傳遞，就會來到主機房，裡面包括計量區、儲料槽及攪拌室三個區域，攪拌完畢之後，累積一定的量，就可直接往下傳到正下方的混凝土空車。

裝滿混凝土的卡車，必須先過磅秤重，通過檢查之後才能離開混凝土預拌廠。

從監視器看攪拌室，裡面分好幾個區塊，用以分別裝砂、一分石及二分石，各種砂石比例均已在計量室調配完成，在這裡要充分混合。

每個建築案的試體都被送來「養生池」養護測試強度，依照趕工程度，養護天數押7、14、28天。

預拌混凝土品質保證書

切結本公司（工廠）所提供之預拌混凝土品質符合合約所訂規格及國家規範，並在下列範圍內，立書人願負法律上完全之責任，惟口說無憑，謹此保證。

一、工程名稱：

二、工程地址（建造號碼）：

三、施工（澆置）範圍：1F 頂版

四、數量：609 ㎥

● 五、規格：280 kg/cm²

六、施工（澆置）時間：98 年 07 月 20 日

立書人：

負責人：

住　址：

統一編號：

工廠登記證：

中　華　民　國　98　年　07　月　20　日

為申請建照及日後保障，記得跟廠商索取「預拌混凝土保證書」，並注意強度規格是否達標準。

水泥製品股份有限公司

建築物新拌混凝土氯離子含量檢測報告單

工地（建物）名稱：

受 驗 地 點：

檢 測 時 間：　98　年　07　月　20　日

建物開工日期：　　年　　月　　日

混凝土澆置位置：　1F 頂版

混凝土供應者：　水泥製品股份有限公司　　運輸車號：

檢測儀器名型號：　AG-100　　　　　　　序 號：

檢測 取樣 方式：□混凝土澆置作業開始前

　　　　　　　　☑本批混凝土共 609 ㎥，檢測 7 組試樣個數

試驗結果：每立方(㎥)混凝土所含氯離子重量(kg/㎥)

檢測次數 試樣編號	第1次	第2次	第3次	平均(Kg/㎥)
1	0.028	0.025	0.024	0.026
2	0.020	0.022	0.023	0.022
3	0.007	0.009	0.012	0.009
4	0.034	0.036	0.037	0.036
5	0.038	0.042	0.046	0.043
6	0.062	0.066	0.068	0.068
7	0.053	0.054	0.055	0.054

1. 本檢測方法係依據 CNS 13465 辦理。

2. 依 CNS 3090 規定，新拌混凝土中最大水溶性氯離子含量（依水溶法）：預力混凝土應為 0.15kg/㎥ 鋼筋混凝土為 0.3kg/㎥

※ 本公司保證上述檢測之混凝土係供用於上述工地，其檢測結果和工具無關。

檢測者		執業簽認證字號				
工程級職資料	名　稱		統一編號	地　址	電　話
工程執行負責人員					
監造人或另屬之專任工程人員					
混凝土供應者					

※ 本表所稱專任工程人員係指建築師或土木技師或建築工程技師或結構工程技師。

另外一張建照申請必備的則是「氯離子含量檢測單」，鋼筋混凝土的氯離子含量須低於每立方公尺0.3公斤。

鐵材行——鋼筋鐵材行、鋼骨材行

建材廠現場直擊2

雖然鋼筋與鋼骨，同樣都是鐵材，可是依循的價格因產品種類及景氣循環而有所不同，鋼筋的市價每月都有變化，而鋼骨則通常是每季變化一次。而且網路上標示的市價是指原料部分，並不包含綁筋、中間利潤的價格。

鋼筋鐵材行

專營各種建築用鋼筋的鷗振鋼鐵人員吳永士表示，鋼筋從國內一、兩家主要的原物料工廠運來後，由鐵材行來負責加工、也就是從事綁筋的動作。

鋼筋的價格怎麼計算？綁筋價格大致行情？

鋼筋價格主要是依照重量來計算，每公斤的價格依照大環境而有大幅度變動。2008年7月鋼筋曾經高達每公斤33元、目前（2009年8月）則每公斤17元左右，然而這是最上游的價格，鐵材行再增加合理利潤後，才是一般消費者買到的價格。

至於綁筋行情，一般民宅的鋼筋使用量較少，基本款造型的住宅每噸綁筋約在4700至5000元以上；若造型複雜一點的房子，則會依照複雜度再向上調整價格，每噸高達5500元以上亦有可能。

另外，不要忘記要再加上從鐵材行出車、將鋼筋運到基地的費用，以新竹一帶的行情價來說，每車約2200至2800元以上，鋼筋用量少者運費及綁筋的報價均會較高。

要去哪裡查詢鐵價？

目前最方便的是兆豐銀行的原物料漲跌一覽表（nbfund.megabank.com.tw/main3.htm），表格下半段會出現鐵料類鋼筋項目相關原物料報價。

購買鋼筋要索取哪些證明書以便申請建照？

要索取「無放射性污染證明書」及「出廠品質證明書」，通常屋主的營造商或跑照者會代為處理。

無放射性污染證明書，是用來證明鋼筋無輻射，目前國內鋼筋均經過嚴格檢測，幾乎沒有輻射鋼筋的存在了。

出廠品質證明書。裡面有鋼筋經過的種種測試，數值必須在正常值範圍內才算合格。

要怎麼評估要用多少鋼筋？多少錢？

通常屋主所發包的營造商會代估，依照經驗，通常總坪數80坪的建築物，使用的鋼筋量約為25噸，再乘以鐵材行報的價格，即可約略推估出來（不含運費）。

鋼筋生鏽就不能使用嗎？

鋼筋生鏽是正常的狀況，表面薄薄一層是可以接受的，鏽蝕的表面對鋼筋內部也會產生保護作用。但若是嚴重的鏽蝕，已經波及到鋼筋的彈性與強度，則千萬不能使用。

先選好你要的鋼筋尺寸與數量，再請鐵材行綁筋。圖中為鵠振鋼鐵工廠一景。

綁筋的機具。

末端經過綁筋而產生角度的鋼筋，依照綁筋的複雜度，價格也會調整。

用於樑柱的箍筋。

項次	品名	數量	單價	總價
	住房工程			
1	基礎螺絲座Φ1"*L90CM*6支	11座	1,800	19,800
2	H鋼材+輕H鋼+C型鋼+連接板材+角鐵+五金耗材	14576KG	33	481,008
3	牆外鋼網線及內2面	171.66M2	1,030	176,809
4	鋼網梯加2平台	1座	32,000	32,000
5	DUCK板t1.2mm	175.4m2	580	101,732
6	點焊網6mm*15cm目	175.4m2	150	26,310
7				41,982

品名 Description	規格 Pattern	數量 Quantity	單價 UnitPrice	金額 Amount
1) 主結構本身及尾頭板	11600 kg	32	371,200
2) 鐵屋及門框	50.84坪	1650	83,886
3) 點焊鋼	6.0	50.84坪	250	12,714
				10,500

同樣一個案子的主結構報價（紅點處），價格以及寫出來的內容會有差距。

工廠 Data（鋼筋）
鵠振鋼鐵實業股份有限公司
新竹市延平路二段 567 號
03-538-9125~6

工廠 Data（鋼骨）
惠霖開發有限公司
台中縣豐原市北陽路 20 號
04-2529-2801

鋼骨材行

常用來做為木屋、輕鋼構基礎的 H 型鋼，也會搭配在強化磚造結構上使用。豐原大和木屋的人員羅梓源表示，H 型鋼的參考牌價主要來自中鋼跟東和兩家。

同樣的鋼骨結構，為何報價會差到 10 萬元以上？

不論蓋什麼型式的房子，還是多比價比較不會吃虧，報價太便宜跟太貴都是吃虧，要找最合理的鐵材行。以這兩張預算表為例，便是我們所找的幾家中最貴與最便宜的，同樣是今年 6 月同一位屋主的 H 型鋼結構報價，最便宜報 37 萬、最貴報 48 萬（如圖），價差高達 11 萬。

為什麼鋼骨也可以偷料？

偷料不是指鋼骨品質本身，而是中間商代之以規格相近但仍有落差的尺寸賺取差價。例如最常使用的 H 型鋼，高寬長尺寸是 250 公釐 ×125 公釐 ×10 公尺，重量是每根 296 公斤。若遇到不誠實的廠商，可能會將該尺寸換成很相近的 248 公釐 ×124 公釐 ×10 公尺，重量就降到每根 257 公斤。這 39 公斤的落差價格就成為多賺取的利潤了。

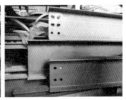

鋼骨常用做木構造及輕鋼構的基礎與骨架，使用量頗高。

尺寸差 2 公分的 10 公尺 H 型鋼，重量就差 39 公斤，價差也是積少成多，不可不慎。

鋁門窗工廠

建材廠現場直擊3

建築本體蓋好之後，接著就要裝上窗戶跟門。目前國內最常見的門窗型式就
是鋁門窗，其中又以氣密窗最為常見。

國內氣密窗價格為什麼有很大幅度的差異？
全國氣密窗工廠的物料，大多是取自同一個上游
工廠，因此物料品質都是一致的。主要在於品牌
形象、售後服務以及設計的細節。透過五金選擇、
鋁板厚度、氣密度及內部結構的設計，價格因而
產生差異。傳統鋁門窗價格一才約250元起跳，基
本款防盜氣密窗則在一才800至1000元之間。

鋁窗裝好之後會漏水，是誰的責任？
如果是在窗框範圍內漏水（例如雨水從軌道滲進
來），是鋁門窗工廠的責任。若是窗框外的漏水，
則是安裝鋁門窗的工班應該要負的責任。

窗框的鋁材厚度至少要多少才夠堅固？
至少要有1.5公釐的厚度，會比較安全。另外，太
便宜的鋁門窗，其鋁板僅厚1公釐，遇到高溫或壓
扯容易變形。

購買鋁門窗可以跟廠商索取哪些證明？
有CNS及ASTM等級的「隔音試驗報告」及「風
雨測試報告」，隔音會比風雨來得有力，只要通
過隔音試驗報告，就可以抵擋風雨了。

參觀豐原惠霖開發有限公司旗下的鋁門窗廠。

隔音試驗報告

試驗窗型：**21系列 全天候 隔音氣密窗**
試驗項目：穿透損失測定
試驗等級：依 CNS A3196評估為第35等級
　　　　　ASTM E413評估為 STC=37, 36dB合格

試驗材料
一、試驗材料：21系列全天候隔音氣密窗
　　1. 本構件保

風雨試驗報告

試驗窗型：**21系列 全天候 隔音氣密窗**
試驗等級：抗風壓強度 360 kgf/m²，撓度 2 mm無妨礙使用
　　　　　氣密性：通風量在氣密性等級線 2 等級內。
　　　　　水密性：施壓力差 50 kgf/m² 符合規定無漏水現
試驗標準：依據CNS3092鋁合金製窗國家標準執行試驗。
試驗地點：詮

試驗材料

工廠 Data
惠霖開發有限公司
台中縣豐原市北陽路 20 號
04-2529-2801

從原物料廠帶來的原始鋁窗材。

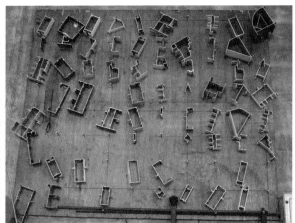

各種型式的鋁框斷面，掛在木板上宛如大型藝術品。工廠老闆透過這些
樣品與顧客溝通窗框型式，紅點者為八角穿專用的窗框。

鋁框中間有一條直立的鋁片，主要目的
是避免雨水從窗框外倒流進入室內。常
用於輕鋼構及木屋的房子。

鋁門窗的價格也反應在窗框與
軌道之間的五金滑軌上。金屬
滑軌摩擦力小，開關窗戶會有
一種滑順感；黃色塑料輪適合
安裝在較輕的鋁門窗上；黑色
為紗窗滑軌。

鋁門框殼的鋁板厚度至少要1.5公釐較
為安全。若中間沒有直立鋁片，則必須
在安裝時就將凹槽填滿，此窗口適合鋼
筋混凝土。

木材廠

相較於水泥、鐵，木料是觸感極佳的建材。這次拜訪了兩家木材廠，一家是著重在中式木構造、室內裝修及木工設計的德豐木業，一家是主推西式木構造（SPF、2x4工法……）的五木綠建材聯美林業。除產品之外，木屋達人羅梓源也分享施工心得。

木構造房子是最無法抵抗火災的結構體嗎？

木材含有空氣與水分，很難導熱，要燒到木材中心需要相當時間，木材表面碳化速度約每分鐘0.6至0.8公釐，30分鐘後約每分鐘2.4公分，而且碳化部分有更好的阻燃功能，所以大木構其實就是防火構造，發生火災時，大木構房子還有三十分鐘充裕的逃難時間。

日本住宅木材技術中心的研究表格顯示，以5×10公分的木材、鐵和鋁的斷面來比較（見附表：「標準升溫條件下材料強度變化」），鐵和鋁約3至5分鐘就會失去強度而坍塌，而木材即使過了15分鐘也還有60%的強度。

日本住宅木材技術中心實驗表格：標準升溫條件下，5×10公分的木材、鐵及鋁的材料強度變化。

同樣強度、不同體積的木頭、混凝土及鋼。

木構造的強度有辦法抵抗突然的強震嗎？

相同尺寸的混凝土和木材而言，混凝土的強度約為木材的2至3倍，重量則是木料的5倍；在材料抵抗變形的能力上，木材是鋼的6至7倍。雖說木材目前在國內不太可能完全取代鋼和混凝土，但其強度其實也可以達到結構體的安全要求。

有些住家的樑柱設計不像是一般常見的2×4木結構，是日式的嗎？

其實那是唐朝流傳到日本，日本一直沿用至今，其實是中式的。其特色在於細部，以大樑挑小樑，代表主從關係與力量傳遞的方向分布，多用卡榫的方式也洋溢著木結構的美感與複雜度，開窗的大小也更不會受到限制。

圖為德豐木業設計中式構造住宅時的樑柱細部，包括柱頂、脊線及樑的銜接，還有大柱接合的設計。

優雅而複雜度高的中式樑柱卡榫，傳達出木藝之美。

木材能夠如何被活用於木構造體？

樹木的生長呈圓柱長錐體，一塊木材切割出來的各個部位各有不同用途，包含圓心的部分切割成正角材，做為裝飾用的柱；非圓心的正角材，可以做為結構用的柱。而較為邊緣的平角材，則可做為樑、檁（桁），其他部分則依照結構做小料，包括飾條、門框、地板、邊皮，適材適用。

（以上為德豐木業李文雄回答）

工廠 Data
德豐木業
049-2642-094
南投竹山工業區延平一路 2 號

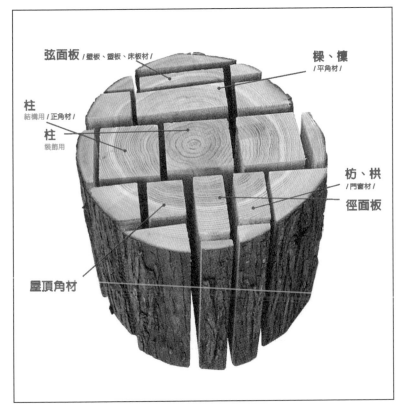

弦面板 / 壁板、鹽板、床板材 /

樑、檁 / 平角材 /

柱 結構用 / 正角材 /

柱 裝飾用

枋、拱 / 門窗材 /

徑面板

屋頂角材

圖中可看出圓心旁的正角材可用來當結構柱、而邊緣的平角材則可做為樑及桁。

台灣常見的西式木構造房子，如2×4及4×6，進去之後通常一樓都頗為涼爽，但二樓會較悶熱，請問如何改善？

台灣的日照角度和時間，相較於歐美來說是較長的，雖然屋簷設置有通風紗網，屋脊也設有透氣中脊，但由於日照時間長且通氣層散熱慢，安裝排風扇輔助排氣效果也不一定好。建議最好的方式，是在窗戶開口都安裝遮陽板、一樓的落地窗及大門前方，最好有長廊，可以阻隔陽光的照射減少輻射熱能。

房子剛好位於地震帶，西式木結構的結構體要怎麼加強才能比較耐震？

我習慣以H型鋼鋼骨結構做為房子的基礎，並且將鋼骨地樑拉出，抬升在地面上。我有一位屋主的木屋位於南陽山，921大地震時木屋基礎些微扭曲，只要將鋼骨基礎的骨架鋸掉局部再拉正即可，利用鐵與木料的彈性及強度來達到堅固效果。

目前西式木構造的計價每坪大約多少？好像落差很大？

每坪從4萬到6萬都有，要仔細看估價單，其坪數到底是算實際坪數、還是從滴水線就開始計算？數字人人都可以玩，最便宜不代表全都會做到、最貴的也許也有不必要的細節，要如何取捨就要靠事前多做功課。

木結構的屋頂可否建議便宜又好用的屋瓦？

同樣具有防水效果的屋頂，我會建議使用可樂瓦，單層可樂瓦每坪只要550至660元以上，使用年限為20至25年，需要更新的時候，只要直接覆蓋在舊的上面即可。

如何避免室外的雨、露水滲入窗框上，影響窗框品質？

在每個窗框鋪好防水布之後，再加上一層階梯狀薄鐵板，稱之為「泛水片」，它可以保護窗框上緣防止雨水滲入框架，達到隔絕雨、露水的效果。
（以上為大和木屋羅梓源回答）

寬闊的前廊，可以遮蔽掉多數的太陽輻射熱，是讓木屋室內涼爽的最有效方法。

以鋼骨做為木構造的外地樑結構法，雖然成本較高，但同時可達到耐震、防潮、易調整水平的功能。

可做為屋頂屋瓦的可樂瓦，顏色有多種選擇，價格平實，上面有類似瀝青的黏著劑、搭配釘槍即可安裝在屋頂上，甚至也可以DIY，要換新只要將新的覆蓋在舊的上面即可。

外牆壁板的呈現方式

1 木構造的外牆，其實排列方式有很多種，可依照屋主所喜歡的形式、搭配房屋造型來決定。

2 企口壁板：木屋最常見的牆面，優點是施工方便迅速，不過造型較為平面。

3 魚鱗板：國內早期的傳統日式建築，大多使用魚鱗板外牆，造型可愛，不過施工難度較高，須先抓基準線才能鋪得直又平。

4 裝飾板：為呈現木紋本身被碳化後的美麗紋理而做成的壁板，沒有保護作用，所以內牆須另外處理。

5 圓弧板：同樣是以企口的方式鋪成，只是表面處理成圓弧形，讓外牆看起來較為精緻立體。

用來隔絕窗框上緣的雨水及露水的利器——泛水片。

窗框底板貼上黑色防水布後，再架上白色泛水片，最後裝上木框修飾。

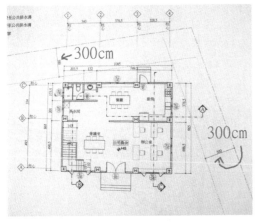

估價對照平面圖，瞭解真正坪數才不會吃虧。依照防火規定要離地界線 3 公尺。

自己叫料、自己發包、自己監工，更省錢！

自行發包叫料四大重點

台中后里徐先生原本想買成屋，卻遲遲找不到合適的格局，要不然就是超出預算，最後決定買地蓋屋，買到建地之後，請了五家營造商估價，最高與最低的估價差距高達 150 萬元，讓他覺得很困惑，由於預算真的很有限，他最後決定自行買料、自行發包、自行監工、自己木作。

最後，他以每坪 4 萬元的成本蓋出來了，與當初營造商估的每坪 5 至 7 萬還要省，到底省在哪裡？以下是他的經驗分享。

Point 1

找建築師——依需求、預算、風格畫圖

告訴建築師需求、討論圖面、確定各項建築圖面、申請建築使用執照。屋主在表明需求的時候，最好想的越細越好，例如幾樓層需要陽台、樓梯寬度、廚房大小等……透過口述也可以讓建築師更瞭解你心目中理想的房子。建築師費用國內行情各地差異甚大，設計費從中南部的每坪 800 元到北部每坪 3000 元以上不等。「一般建築師會提供業主藍曬圖，包含房屋結構、鋼筋綁法、窗戶尺寸以及水電配置等。」徐先生說，「自行發包的話，至少要跟建築師拿五份圖：一份綁鐵、一份版模、一份給水電、另一份是給其他工程估價用、一份自己備用。」

徐先生指出，有些叫料量的問題，也要請教建築師。混凝土是房屋結構最主要的支撐力，「當初鐵工叫我多綁鋼筋、改成半筏式基礎，我就傻傻聽了，後來建築師才說，像我們這麼低的樓層，獨立基礎就夠了。」而混凝土的材料成本，則僅次於鋼筋。

餐廳廚具依照太太的需求訂做、中島尺寸針對廚房面積設計，加上自己設計的家具與長窗，使餐廳洋溢著溫馨的氣氛。

這間平實而牢固的房子，是徐先生自行叫料、自行發包的心血結晶。

Point 2

自己帶料──運費另計、要保證書

隨著工程準備開始,就要四處去探詢物料與價格,「依工程先後順序,先找綁鐵、再找板模、然後找水電工彼此認識以便在未來工程尚能夠互相配合。」買到料之後,最好請商家都附上證明書或保證書。可依照圖面計算各材料所需的量,再去現場帶料。「選鋼筋要選縣市政府拉力檢測合格的鐵材行,如果有現金最好先付,因鋼筋價格漲幅不定,如果交貨時價錢已經下跌,將會以下跌價格計價。」徐先生說。「要請鐵材行開立非輻射鋼筋證明,化糞池開立環保證明,申請使用執照時候會用到。」

至於混凝土,「若選知名度不高的,每立方公尺價格可能會降低200元,」徐先生表示,「混凝土的數量是我自己算,一台預拌混凝土車可以載6到9立方米,混凝土空壓車每次出車6、7千元以上。工錢每人約1000元,如果整層灌漿含樓梯要請3人。」

地板、室內外的抿石子、磁磚、門斗、踢腳板……由大到小的建材,徐先生都自己找,工班都只是出工而已。不論找什麼材料,透過親友詢問、網路查詢,只要有足夠的時間比較,通常都可以找到便宜又有品質保障的建材。

找邊間增加採光與通風
徐先生所買的建地的隔壁建地,因為緊臨馬路被徵收,地主不願出讓卻也不能蓋,使得徐先生的房子右側不會再有別棟房子蓋起來,讓房子有兩面採光,衛浴通風、廚房亮度充足。

前院的整地及石板鋪放都由徐先生親自DIY。

廚房一道1萬2000元的長窗,是徐先生自行設計,猶如早期火車窗的開窗方式,可以讓更多採光進來。

頂樓防水處理:先上底漆、再放彈性網、最後上防水漆,在此徐先生使用的是Superflex,每桶3千元、共花3萬多元。

Point 3

發包——工種間互不認識，窗口都對屋主

在蓋房子時，如果有充裕的時間可就近監工，自行發包也不無可能。「發包沒這麼可怕，我當初板模工、鐵工、水電工都找互相不認識的，讓他們的窗口都是單獨對我、不會互相cover，我請他們一起吃飯，大家認識一下，彼此表面上會客客氣氣、私下則會對我提出改進建議，在時間的調配上，水電也會詢問泥作進度，三方互相調配時間，必要時我再來整合即可，因此我覺得，只要找對工班就成功一半。」每個工種徐先生都找三家以上，比價、比品質、比技術，價格低不一定好，建議去工班的幾個作品現場看看，再決定是否發包。

土地抵押貸款→請到建照→房屋抵押貸款

徐先生的手頭資金非常緊，買地之後，剩下的錢不到房子總工程款的一半。他先將土地拿去抵押，湊足蓋房子的資金，當房子蓋到外殼差不多的時候，錢又花光了，只好先跟工班師傅們請求延後幾週付中期款，等建照下來，又可再拿房屋去抵押，才得以湊到整體的工程款。

如何叫料：混凝土體積的計算

如何計算混凝土？有三種方法，其中以第一種較可執行且準確度也高：

1. 從房屋立面、平面及剖面圖計算：圖面標有尺寸及比例尺，先計算樑柱的長寬高、再計算壁面體積（壁面需扣除窗戶、門體積），一般而言外牆厚度 15 公分、隔間厚度 12 公分，樑柱則有所不同，準確率可達 99%。

2. 可以在板模釘好後，計算板模使用的數量，或者板模內的總體積。不過這樣在現場到處丈量，有其不便之處，其計算準確率可達 99%。

3. 可請混凝土業務代為計算。將圖交給混凝土業務，如果叫料太多可當場退貨，需滿 1 立方公尺以上，叫料最少可叫半立方公尺，不滿 2 立方公尺需要加車資 500 元。

Point 4

監工——關鍵點一定要到

徐先生上班的地點離家裡只有五分鐘距離，早、中、晚三個時間必會出現在工地。遇到有些關鍵工程準備開始，他還會另外請幾小時的假來監工。關鍵工程通常出現在不同工種的交接時段，例如樓梯及牆面箍筋快要綁完時，檢查水管電線有沒有配完整；樓板綁好鋼筋，準備灌漿時（這時要連同建築師一起來查看），隨時掌握進度就可以達到監工的效率。

浴室在鋪設水管的時候，除了淋浴區的龍頭外，外面也請師傅再多設一個低矮的水龍頭，方便清理淋浴區以外的地板。

扶手欄杆是嵌在樓梯的水泥裡面，以求穩固，最後再貼以緬甸柚木表面。

踢腳板也是自己貼，不過沒法黏緊，因牆面已上漆，學到一個經驗。

為避免日後龜裂脫落，抿石子用黏著劑固定，而非一般的白水泥。

樓梯在施作時,特別要求鋼筋要與牆壁綁在一起才安全。

在木工施作時,邊討論出樓梯下方的收納空間。

在中島洗手台下方,預留冷熱水過濾器的管線。徐先生強調,要預先將排水管、自來水管及電源線都配置好。

把電箱設在主臥床頭,對水電工比較方便,但會有電磁波的疑慮,故要求移到樓梯門口處。

現成鏡子都很貴,直接去裱框店裱只要600元。

全室均用緬甸柚木平口地板材,平口板材沒有凹槽接縫,施工方便價格便宜。

達人屋主　徐先生

不只自地自建,還自己叫料、發包、監工,他財務受限、每天都要上班,還是達成了這個不可能的任務。他在自己 Yahoo 上的部落格分享了詳盡的蓋屋記錄「熊熊的家～自地自建～」,也有詳盡的鋼筋、混凝土使用量計算過程,十分值得一看!

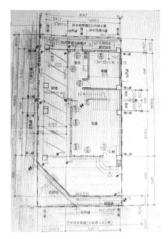

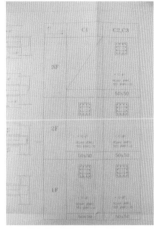

磁磚計畫自己來,台灣製造的玻璃磚從網路購得,透明款只要100元。

將平面圖分區思考,有助於計算混凝土及其他建材的使用量。

學會看鋼筋配置圖,就可以大約算出鋼筋使用的量有多少。

避免糾紛及活用法規之常見狀況

買地、蓋屋、改屋活用法規四大要項

買地、蓋屋、改屋的申請事宜，基本上建議請代書代為跑照處理，這樣申請手續比較容易通過。不過以下四種常見的狀況，是您在行動之前須避免可能產生的糾紛、以及可以活用的知識。尤其以狀況1及2，買到套繪過的農地、買到法定空地的建地的受害者頗多，還請多加留意！

狀況1

買下農地等了兩年要蓋農舍，才發現土地是合併套繪的比例地，不能再蓋農舍！

如何避免糾紛：

1. 套繪管制、土地重劃再分割的情況，全國各地十分普遍，須小心。其中1990年前被套繪過的土地，地籍謄本資料還不一定查得到！交易前，請地主確認此地是否被套繪過（被拿去做為比例地），並證明在合約內容中。

2. 除上述要求外，應自行去當地鄉鎮公所的農業課及建管課查詢該地是否曾被套繪，並向鄉鎮公所申請核發「本筆土地確無套繪管制證明」文件。

3. 農地交易合約書上，須註明「此土地在二年後必須能蓋農舍」、「此土地賣方須確為『未套繪管制』，否則本約作廢、買賣解除」，若地主不願配合、含糊帶過，應避免購買此農地。

> 相關法規條文：農業發展條例第16條、農業用地興建農舍辦法第3條、內授營建管字第0930013560號。

買方購農地若打算蓋農舍，須注意農地是否有套繪記錄。

狀況2

買下30坪的建地，事後發現有一部分是另一已建地號之「法定空地」，導致無法再申請建築使用執照！

如何避免糾紛：

1. 要確認是否為法定空地，有時從地籍謄本是看不出來的，必須申請「地籍套繪圖」，看圖面是否有標記法定空地。

2. 依據1986年1月31日內政部訂頒「建築基地法定空地分割辦法」第2條第1項，規定直轄市或縣市主管建築機關核發建造執照時，應於執照暨附圖內標註土地座落、基地面積、建築面積、建蔽率，及留設之空地位置等，同時辦理「空地地籍套繪圖」。第2項規定前項標註及套繪內容如有變更，應以變更後圖說為準。

> 相關法規條文：建築法第11條第3項、建築基地法定空地分割辦法第2條第1項及第2項。

擁有法定空地，只能閒置不能申請建築使用執照。

客觀條件下，建築許可委託承辦的建築師去申請較快也較容易下來。

狀況3

自宅是30年的連棟透天厝其中一間，近日要翻修，兩邊鄰居擔心安全受到影響，嚴重關切。

如何避免糾紛：

1 需要申請建築許可的情況：凡是增加或減少建築物面積及高度、更動建築物主要構造、分戶牆或外牆、消防設備、樓梯、昇降梯、垂直管道間、走廊、出入口、停車位位置或數量變更時，均應委託開業建築師辦理「建造執照」或「變更使用執照」，並由承辦建築師委由專業技師做結構及消防等安全檢討。有申請比較有保障，鄰居也會比較安心。

2 如果只有動到室內的分間牆（隔間牆），住宅類免辦申請許可。

3 改建與修建要區分清楚。建築法第7條第3款：「改建」為將建築物之一「部分拆除」，於「原建築基地範圍內改造」，而「不增高」或「擴大面積」者；同條第4款：「修建」建築物之「基礎」、樑柱、承重牆壁、樓地板、屋架或屋頂，其中任何一種有「過半之修理」或「變更」者。

相關法規條文：建築法第7、8、9、26、73、86條、建築物使用類組及變更使用辦法及建築技術規則等相關規定。

狀況4

有些農地不滿756坪，例如只有200坪，卻聲稱還是可以蓋農舍（俗稱配建），是真的嗎？

如何活用法規：

1 在《農業發展條例》新修訂條文中提到，農地必須達756坪（2500平方公尺）以上且持有兩年以上才可以蓋農舍。不過，在此修法公布生效前，也就是2000年1月28日前的老農地則不在此限。

2 也就是說，原有地主取得產權日，若在2000年1月28日以前，該農地須另外具備以下條件，才有配建資格：（1）農地所有權是單獨所有；（2）該農地須未曾供作其他農舍為法定空地比；（3）原地主名下須無農舍；（4）須以原地主名義起造農舍。以上均為修法前的農地限制。

3 老農地雖然沒有坪數限制，但建蔽率一樣是10%，也就是說，若購買200坪的農地，則可建範圍為20坪（若圍牆也報入建照範圍，則也須計入建蔽率）。

相關法文：《農業發展條例》第18條。

未滿756坪的老農地，仍可以蓋農舍，不過建蔽率依舊是10%。

老農地與新農地比較表	老農地	新農地
產權日	2000年1月28日以前	2000年1月28日以後
面積限制	無	0.25公頃（756坪）以上
建蔽率	10%	10%
蓋農舍時限	立即可蓋	取得之後須滿兩年才能蓋
申請人條件	須以老農（原地主）的名義申請蓋農舍。重要：必須確認原地主於完工後會確實移轉。	以自己的名義申請即可。程序上都是自己的名義，較有保障。
適合對象	1. 不想買到756坪以上者。2. 想要立即蓋農舍者。	1. 對務農、生態、綠化有興趣者。2. 資金較充裕者。

做自己的建築師 01

做自己的建築師：蓋綠色的房子

作者	林黛羚
攝影	王正毅
企劃選書	席 芬
責任編輯	劉容安、席 芬
資深主編	劉容安
總編輯	席 芬
版權	翁靜如、黃淑敏
行銷業務	林秀津、何學文
總經理	彭之琬
發行人	何飛鵬
法律顧問	台英國際商務法律事務所 羅明通律師
出版	商周出版
	台北市中山區104民生東路二段141號9樓
	電話：(02) 2500-7008　傳真：(02)2500-7759
	E-mail：bwp.service@cite.com.tw
發行	英屬蓋曼群島商家庭傳媒股份有限公司城邦分公司
	台北市中山區104民生東路二段141號2樓
	書虫客服服務專線：02-25007718・02-25007719
	24小時傳真服務：02-25001990・02-25001991
	服務時間：週一至週五09:30-12:00・13:30-17:00
	郵撥帳號：19863813　戶名：書虫股份有限公司
	讀者服務信箱：service@readingclub.com.tw
	城邦讀書花園：www.cite.com.tw
香港發行所	城邦（香港）出版集團有限公司
	香港灣仔駱克道193號東超商業中心1樓
	E-mail：hkcite@biznetvigator.com
	電話：（852）25086231　傳真：（852）25789337
馬新發行所	城邦(馬新)出版集團
	Cité (M) Sdn. Bhd. (458372 U)
	11, Jalan 30D/146, Desa Tasik, Sungai Besi, 57000 Kuala Lumpur, Malaysia
	電話：（603）90563833　傳真：（603）90562833
封面設計	羅心梅
版面設計	羅心梅
印刷	卡樂彩色製版印刷有限公司
總經銷	聯合發行股份有限公司
	電話：(02) 29178022　傳真：(02) 29156275

2009年8月6日初版
2018年1月8日初版30.3刷
定價420元
ISBN 978-986-6369-28-5

Printed in Taiwan

城邦讀書花園
www.cite.com.tw

Photo Credit
部分照片及圖面資料由受訪屋主、設計師、林黛羚及陳國隆提供使用,
特此致謝。

國家圖書館出版品預行編目資料

做自己的建築師;蓋綠色的房子/林黛羚
著. —— 初版. —— 臺北市:商周出版:家庭傳
媒城邦分公司發行,
2009.08 面; 公分. —— (做自己的建築
師;1)

ISBN 978-986-6369-28-5(平裝)
1.房屋建築 2.綠建築 3.空間設計

441.52 98013275